수학으로 다시 보는
오즈의 마법사

수학 스토리텔링의 마술사 이광연 교수와 최고의 마법사 오즈가 만났다!

수학으로 다시 보는 오즈의 마법사

이광연 지음

살림Friends

엉뚱한 모험 속에서 발견하는
재미있는 수학

프랭크 바움의 대표작 『오즈의 마법사(The Wonder-ful Wizard of Oz)』는 1900년에 처음 출간되었는데, 책이 나오자마자 베스트셀러가 되었다. 이후 연극, 영화, 텔레비전 연속극으로 제작되었을 뿐만 아니라 온갖 선물 용품, 캐릭터 상품이 만들어졌다. 100년이 지난 오늘날까지도 '오즈'에 대한 사랑은 여전히 식을 줄 모르고 계속되고 있다.

『오즈의 마법사』가 출간된 이후 바움은 후속편을 기다리는 수많은 독자로부터 독촉 편지를 받았다. 이렇게 독자들의 성원에 힘입어 탄생하게 된 〈오즈〉 시리즈는 무려 10편이 넘는다. 그러나 어느 한 작품 가리지 않고 모두 흥미진진하기 때문에 최고의 고전 반열에 우뚝 설 수 있었다.

필자도 〈오즈〉 시리즈의 열렬한 팬이다. 그래서였을까? 언제부터인가 오즈의 이야기를 이용하여 수학을 보다 쉽고 재미있게 알려 주고 싶다는 생각에 사로잡혔다. 마치 오즈의 마법에 홀린 것처럼 말이다. 그래서 『오즈의 마법사』에 수학을 입히기로 결심했다. 이렇게 탄생한 것이 바로 이 책 『수학으로 다시 보는 오즈의 마법사』이다. 이 책은 수학이 우리의 일상과 동떨어져 있다고 생각하는 사람들의 오해와 착각을 바꿔 주는 계기가 될 것이다.

『오즈의 마법사』를 읽어 본 보통의 독자라면 수학적 내용이 등장하는 장면을 발견하기 힘들 것이다. 그러나 자세히 들여다보면 사실 이야기 속의 거의 모든 상황이 수학적이다. 다만 이야기 속 상황을 수학과 연결 지어 생각해 보지 않았을 뿐이다. 이러한 무관심한 태도는 수학을 포기하게 되는 시작점이 되기도 한다. 따라서 수학과 조금 더 친해지기 위해서는 어떤 상황이든 수학적으로 사고하는 지혜와 습관이 필요하다. 그리고 필자는 청소년 독자들에게 이 책을 통해 이런 지혜를 선사하고 싶었다.

『오즈의 마법사』는 남녀노소를 가리지 않고 누구에게나 친근한 이야기다. 다만 한 가지, 원작에서는 도로시와 토토가 회오리바람을 타고 오즈의 나라에 도착하는 것으로 시작한다. 하지만 『수학으로 다시 보는 오즈의 마법사』의 이야기는 원작과 다르게 조금 더 수학적으로 꾸미고 싶었다. 그래서 이 책에서는 도로시와 토토가 시간과 공간을 마음대로 이동할 수 있는 디멘션 캡슐(Dimension Capsule)을 타고 가는 것으로 설정했다. 이야기의 시작이 판타지나 SF 같은 설정이라고 해서 도로시의 모험도 원작과는 전혀 다른 이야기일 것이라고 오해하면 안 된다. 이 책에서 벌어지는 도로시 일행의 모험은 원작의 내용을 충실하게 반영했다. 독자들이 수학적 내용뿐만 아니라 100년이 넘는 세월 동안 최고의 고전으로 자리매김한 『오즈의 마법사』를 온전히 읽어 내고 내가 받았던 재미와 감동을 그대로 즐기기를 바랐기 때문이다.

필자는 『수학으로 다시 보는 오즈의 마법사』를 통해 독자들에게 수학이 결코 어렵지 않으며 한 편의 모험담처럼 오히려 흥미진진하고 즐거운 과목이라는 점을 알려 주고 싶었다. 여러분은 이 책을 읽고 수학이 눈에 보이지 않지만 모든 분야에서 활용되고 있다는 사실을 깨닫게 될 것이다.

자, 이제 오즈의 나라에 도착한 도로시와 친구들이 겪는 수학 모험 속으로 함께 들어가 보자.

2016년 가을
저자 이광연

★ 차례

공간 이동 기계 디멘션 캡슐

　　도로시는 미국 캔자스 주의 드넓은 초원에 세워진 시공간 연구소에서 시간과 공간의 이동을 연구하는 헨리 아저씨와 마음씨 착한 엠 아주머니 그리고 강아지 토토와 함께 살고 있었다. 헨리 아저씨가 일하는 시공간 연구소는 사실 말만 연구소이지, 보잘 것 없는 시설에 여러 기계와 공구들이 어지럽게 놓여 있는 창고 같아 보였다. 그러나 헨리 아저씨는 시공간 이동 연구에 관해서는 세계적으로 유명한 과학자였다. 아저씨는 연구에 전념하기 위하여 도시의 번잡함을 벗어나 캔자스 주의 한적하고 드넓은 초원에 연구소를 세웠다.

　부모님을 모두 잃고 고아가 된 도로시가 처음 이곳으로 왔을 때, 엠 아주머니는 도로시의 쾌활한 웃음소리를 듣고 무척 행복해했다. 엠 아주머니는 도로시를 어릴 때부터 키웠기 때문에 도로시에게는 엄마나 마찬가지였다. 헨리 아저씨도 도로시를 친딸처럼 대해 주셨지만 이른 아침부터 늦은 밤까지 열심히 연구만 할 뿐, 사는 즐거움이 무엇인지 알지 못하는 것 같았다. 도로시는 그런 아저씨에게 이런저런 질문을 해 댔는데, 그럴 때마다 아저씨는 친절하게 설명해 주셨다.

도로시의 가장 가까운 친구는 강아지 토토였다. 토토는 비단실처럼 길고 부드러운 털과 축축하고 우습게 생긴 코와 장난스럽게 깜빡거리는 까만 눈을 가진 검은 강아지였다. 토토는 하루 종일 캔자스의 넓은 초록 들판을 쉴 새 없이 뛰어다녔고 도로시는 그 뒤를 쫓으며 즐겁게 놀았다.

도로시가 가장 좋아하는 곳은 헨리 아저씨의 시공간 연구소였다. 호기심 많은 열한 살짜리 소녀인 도로시가 보기에 시공간 연구소는 여러 가지 재미있는 물건들이 가득한 보물창고와 같은 곳이었다. 헨리 아저씨는 늘 도로시에게 연구소에 있는 물건을 함부로 만지지 말라고 신신당부하셨다. 하지만 도로시는 연구소에 있는 물건들을 마치 장난감처럼 가지고 놀길 좋아했다. 그런데 헨리 아저씨의 시공간 연구소에는 엠 아주머니도, 도로시도 들어갈 수 없는 작은 연구실이 있었다. 이 연구실은 오직 헨리 아저씨만 들어갈 수 있었는데, 아저씨는 그곳에서 어떤 기계를 만드는 중이었다.

어느 날, 구름이 잔뜩 끼어서 금방이라도 큰 비가 올 것 같았다. 헨리 아저씨는 그날도 그 작은 연구실에서 작업에 열중하고 있었다. 도로시는 헨리 아저씨의 작은 연구실 앞에서 토토와 함께 소꿉놀이를 하고 있었다. 밖에서는 가끔씩 번개와 천둥이 쳤기 때문에 도로시와 토토는 깜

짝깜짝 놀랐다. 그때 헨리 아저
씨가 갑자기 큰 소리로 외치며 작은
연구실에서 뛰어나왔다.

"와! 드디어 완성했다."

헨리 아저씨가 얼마나 크게 소리를 쳤던지 천둥소리에도 놀라지 않
았던 엠 아주머니가 깜짝 놀라 뛰어왔을 정도였다. 엠 아주머니는 흥
분해서 이리저리 뛰어다니는 헨리 아저씨를 진정시키고 물었다.

"도대체 무엇을 완성했다는 거죠?"

"드디어 내가 시간과 공간을 이동할 수 있는 기계인 디멘션 캡슐을
완성했어. 디멘션 캡슐을 이용하면 순식간에 다른 시간과 공간으로 갈
수 있지. 그래서 앞으로 이 디멘션 캡슐은 지금까지와 전혀 다른 이동
수단이 될 거야."

도로시가 물었다.

"다른 시간과 공간이라고요? 그게 어디인가요?"

도로시의 물음에 헨리 아저씨가 흥분을 감추지 못하며 말했다.

"우리가 살고 있는 곳은 3차원 공간으로 입체의 세상이란다. 내가 자세히 설명해 주고 싶지만, 지금은 디멘션 캡슐을 살펴보는 것이 더 중요하니 나중에 이야기해 줄게."

평소의 헨리 아저씨 같았으면 수학 이야기가 나왔을 때 도로시에게 자세히 설명했겠지만, 오늘은 디멘션 캡슐 때문에 흥분한 탓인지 다음에 설명해 주시기로 했다. 도로시는 참 다행이라고 생각했다.

"자. 여러분은 인류 역사상 처음으로 시공간을 마음대로 이동할 수 있는 최초의 비행체인 디멘션 캡슐을 보고 있습니다. 짜잔!"

헨리 아저씨가 보여 준 디멘션 캡슐은 마치 커다란 달걀처럼 둥그렇게 생긴 기계였다.

"그런데 모양이 마치 커다란 달걀 같아요. 왜 이렇게 만드셨죠?"

"원래 완벽한 구 모양으로 만들려고 했어. 왜냐하면 구는 이 세상에서 가장 완벽한 도형이거든. 구의 중심에서 표면의 어느 곳을 택하던지 거리가 항상 같아. 게다가 구는 가장 적은 면적으로 가장 많은 부피를 담을 수 있는 유일한 도형이야."

"그렇지만 이건 구가 아닌데요?"

"맞아. 완벽한 구로 만들면 사람이 누울 수 있는 공간이 좁을 것 같아서 구와 비슷한 타원 모양으로 만들었지. 그래서 이런 달걀 모양의 캡슐이 완성됐단다."

디멘션 캡슐의 높이는 헨리 아저씨의 키보다는 조금 작았고, 폭은 어른 두 명이 팔을 벌린 만큼 길었다. 캡슐의 가운데에는 안으로 들어갈 수 있도록 작은 문이 설치되어 있었다. 그 문은 어른이 간신히 들어

갈 수 있을 정도로 좁았다. 하지만 도로시처럼 어린아이는 쉽게 들어
갈 수 있었다. 캡슐 안은 여러 가지 계기판으로 가득 차 있었으며 검은
색과 흰색 버튼이 많았다. 캡슐 내부의 한쪽에는 헨리 아저씨가 연구
하는 동안 먹었던 빵이 든 바구니가 놓여 있었다. 캡슐 안의 공간은 어
른 한 명이 충분히 누울 수 있을 정도였다. 도로시가 캡슐 내부를 들여
다보는 동안 헨리 아저씨가 캡슐에 대하여 설명했다.

"작동 방법도 매우 간단하단다. 캡슐에 들어가서 반듯하게 누운 후
안전띠를 매면 돼. 검은색 버튼을 한 번씩 누를 때마다 한 차원이 올라
가고 흰색 버튼을 한 번씩 누를 때마다 한 차원씩 내려간단다. 두 버튼
으로 네가 가고자 하는 위치나 공간을 정하고 출발 버튼을 누르면 바
로 이동하지. 그런데 디멘션 캡슐이 작동하려면 아주 많은 전기에너지
가 필요하단다."

"그럼 지금 작동할 수 있나요?"

"지금은 안 된다. 내일 시공간 연구소에 있는 모든 전기를 끌어모아
서 디멘션 캡슐을 작동하는 데 쓸 거야."

헨리 아저씨는 내일 작동하게 될 디멘션 캡슐을 상상하며 매우 만족
스러운 표정을 지었다. 그때 토토가 캡슐 안에
서 나는 빵 냄새를 맡고 갑자기 캡슐 안으로 뛰
어들었다. 캡슐 안으로 들어간 토토는 바구니
에 코를 대고 킁킁 냄새를 맡으며 이리저리 뛰
어다녔고, 검은색 버튼과 흰색 버튼을 여러 번
밟았다. 검은색 버튼과 흰색 버튼이 몇 번씩 눌

렸는지 알 수 없었다. 헨리 아저씨는 토토를 불렀지만 토토는 캡슐 안 구석구석의 냄새를 맡으며 꼬리를 살랑살랑 흔들 뿐 밖으로 나오려 하지 않았다. 그래서 도로시가 토토를 데리고 나오려고 캡슐 안으로 들어갔다.

도로시가 캡슐 안으로 들어간 순간, 번쩍하고 번개가 쳤다. 그 번개는 시공간 연구소의 피뢰침에 맞고 연구소 안으로 흘러 들어갔다. 그러자 헨리 아저씨가 손을 쓸 사이도 없이 디멘션 캡슐이 작동하기 시작했다. 디멘션 캡슐의 문이 자동으로 닫히고 빙글빙글 돌기 시작하더니 점점 더 빨리 회전하며 서서히 사라져 갔다. 디멘션 캡슐이 번개로부터 얻은 전기에너지 덕분에 작동하기 시작한 것이다. 디멘션 캡슐 밖에서 헨리 아저씨와 엠 아주머니가 도로시를 불렀지만 캡슐 안에 있는 도로시는 두 사람의 말을 들을 수 없었다. 더욱이 디멘션 캡슐이 너무 빨리 도는 바람에 도로시는 그만 정신을 잃고 말았다.

다음 그림은 검은색 버튼과 흰색 버튼을 배열한 것이다. 주어진 그림에서 흰색 버튼 2개와 검은색 버튼 1개가 포함되도록 8개의 조각으로 나누어 보아라.

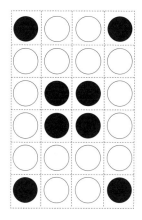

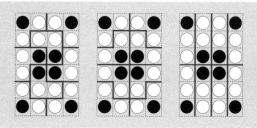

도로시와 다각형

도로시가 정신을 차린 것은 토토가 차갑고 조그마한 코를 도로시의 얼굴에 들이밀며 애처롭게 낑낑거렸기 때문이다. 헨리 아저씨가 만든 디멘션 캡슐은 더 이상 회전하지 않았다. 디멘션 캡슐은 도착하면서 충격을 받은 듯 문이 약간 열려 있었다. 문을 통해 캡슐 안 가득히 밝은 햇살이 쏟아져 들어왔다. 도로시는 디멘션 캡슐의 문을 활짝 열어젖혔다.

순간 도로시는 놀라움으로 탄성을 질렀다. 주위를 둘러보던 도로시의 두 눈은 점점 더 휘둥그레졌다. 믿을 수 없는 광경이 도로시의 눈앞에 펼쳐져 있었다. 어디를 보나 온갖 빛깔의 화려한 꽃들이 무리를 지어 피어 있었고 빛나는 깃털을 가진 희귀한 새들이 나무에서 즐겁게 지저귀고 있었다. 조금 떨어진 곳에는 초록 풀로 뒤덮인 둑 사이로 시

냇물이 반짝이며 흐르고 있었다. 캔자스의 황량한 초원 지대에서 자란 도로시의 귀에 졸졸 흐르는 시냇물 소리는 참으로 듣기 좋았다.

도로시가 탄 디멘션 캡슐은 순식간에 신비롭고 아름다운 곳에 도착했던 것이다. 땅 위에는 온통 초록색 잔디가 뒤덮여 있었고 울창한 나무들에는 이상한 모양의 열매들이 주렁주렁 달려 있었다. 열매들은 그동안 도로시가 봤던 둥근 모양의 과일이 아니었다.

도로시는 디멘션 캡슐을 빠져나와 한동안 이 신기하고 아름다운 광경을 바라봤다. 토토는 캔자스에 있을 때와 마찬가지로 이리저리 뛰어다니며 꽃과 풀들의 냄새를 맡았다. 그때 도로시는 지금까지 한 번도 보지 못한 이상한 옷차림을 한 사람들이 다가오는 것을 발견했다. 그들은 도로시가 늘 봤던 어른들처럼 키가 크지 않았다. 그렇다고 아주 작은 난쟁이도 아니었고 도로시보다 약간 큰 정도였다. 그 무리는 남자 3명과 여자 1명이었는데, 모두 이상한 옷을 입고 있었다.

3명의 남자는 모두 세모난 모자를 쓰고 있었다. 그리고 파란색 옷을 입고 윤이 나게 잘 닦인 가죽 장화를 신고 있었다. 장화의 끝은 뾰족한 세모 모양이었다. 거기에 크기는 다르지만 3명 모두 세모 모양의 파란색 목걸이를 하고 있었다.

여자는 어깨에서부터 바닥까지 길게 늘어지는 하얀 망토를 입고 있었는데, 망토에는 다이아몬드처럼 눈부시게 반짝거리는 작은 별들이 총총히 박혀 있었다. 이들 가운데서 여자의 나이가 가장 많아 보였다. 여자의 얼굴에는 주름이 있었고 머리카락은 거의 백발이어서 얼핏 봐도 할머니 같았다. 도로시가 서 있는 곳에 가까워지자 남자들은 더 이상 가까이 오지 않고 세모 모양의 모자를 벗어 공손하게 인사를 했다. 그리고 나이가 많아 보이는 여자도 도로시를 향해 걸어오더니 상냥하게 인사를 했다.

"다각형의 나라에 온 것을 환영해! 세상에서 가장 위대한 수학자 아가씨. 동쪽 나라의 나쁜 마녀를 없애고 다각형 나라를 구해 줘서 정말 고마워."

이 말을 듣고 도로시는 어리둥절해하며 생각했다.

'난 수학을 좋아하지도 않는데 이 할머니는 왜 나를 위대한 수학자라고 부르는 걸까? 그리고 난 벌레 한 마리도 죽여 본 적이 없는데 내가 동쪽 나라의 나쁜 마녀를 없애다니?'

할머니는 도로시가 뭔가 대답하기를 기다리고 있었다. 도로시는 몹시 주저하며 입을 열었다.

"무척 친절하시군요. 하지만 뭔가 잘못 알고 계신 것 같아요. 저는 수학자가 아닐뿐더러 아무도 해치지 않았어요."

"물론 알고 있어. 나쁜 마녀를 죽인 건 아가씨가 아니라 아가씨가 타

고 온 커다란 달걀이지."

할머니는 얼굴에 미소를 띠며 도로시가 타고 온 디멘션 캡슐을 바라보았다.

"어쨌든 결과는 마찬가지야. 저걸 봐."

할머니가 손가락으로 디멘션 캡슐의 밑부분을 가리켰다.

"저기 나쁜 마녀의 두 발이 커다란 달걀 아래로 삐죽이 나와 있잖아."

도로시는 할머니가 가리킨 곳을 보고 깜짝 놀라 비명을 질렀다. 정말로 캡슐 밑에 두 개의 발이 삐죽이 나와 있었다. 그 발에는 끝이 뾰족하게 생긴 은 구두가 신겨져 있었다.

"어머나, 세상에 이를 어째!"

도로시는 두 손을 꼭 잡고 발을 동동 구르며 소리쳤다.

"디멘션 캡슐에 깔려 버렸네. 이제 어떡하면 좋아요?"

"아가씨는 아무 일 하지 않아도 돼. 그냥 내버려 두면 돼."

할머니가 도로시를 진정시켰다.

"밑에 깔린 저 사람은 누구죠?"

"저 여자는 동쪽 나라의 나쁜 마녀야. 오랫동안 동쪽의 다각형 나라를 다스리면서 이 나라 사람들을 밤낮으로 노예처럼 부려 먹었지. 이제야 '폴리곤'들은 마녀의 손에서 벗어나게 된 거지. 그래서 아가씨에게 감사하고 있는 거야."

"다각형의 나라요? 또 폴리곤이라니요?"

"이곳은 다각형의 나라야. 그리고 이곳에 살고 있는 사람들을 폴리곤이라고 부르지. 아가씨 앞에 서 있는 3명은 그동안 나쁜 마녀의 눈을 피해 숨어 지내던 폴리곤인 삼각형들이야."

할머니가 삼각형을 소개하자 3명의 남자는 도로시에게 다시 정중하게 인사했다. 그중 가장 큰 모자를 쓴 남자가 말했다.

"우리는 3개의 선분으로 둘러싸인 도형인 삼각형을 숭배하는 폴리곤들입니다. 삼각형은 모든 도형의 기본이 되는 도형이기 때문에 다각형 중에서 특히 중요합니다."

"삼각형은 어떤 모양인지 알겠는데 다각형은 무엇인지 잘 모르겠어요. 미안하지만 조금 더 자세하게 이야기해 주시겠어요?"

도로시가 부탁하자 두 번째 큰 모자를 쓴 남자가 자신의 모자를 벗어서 흔들었다. 그러자 모자 속에서 여러 가지 모양의 다각형들이 쏟아졌다.

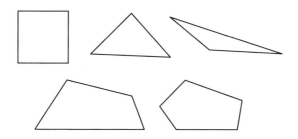

"다각형은 3개 이상의 선분으로 둘러싸인 도형을 말합니다. 3개의 선분으로 둘러싸인 도형은 삼각형, 4개의 선분으로 둘러싸인 도형은 사각형, 5개의 선분으로 둘러싸인 도형은 오각형, 6개의 선분으로 둘러싸인 도형은 육각형이라고 합니다. 이처럼 다각형의 이름은 변의 개수에 따라 삼각형, 사각형, 오각형, 육각형, …으로 정해집니다."

"그럼 변이 100개인 다각형은 100각형이겠네요?"

도로시가 장난치듯 말하자 가장 작은 모자를 쓴 남자는 자기의 모자에 손을 넣어 이상하게 생긴 몇 개의 도형을 꺼냈다.

"맞습니다. 하지만 선분으로 둘러싸이지 않으면 다각형이 아닙니다. 또 선분이 닫혀 있지 않아도 다각형이 아닙니다. 아! 닫혀 있다는 것은 선분들의 끝이 서로 이어져 있다는 말입니다. 그래서 다각형 나라의 국민인 폴리곤들에게는 지켜야 할 엄격한 규칙이 있습니다."

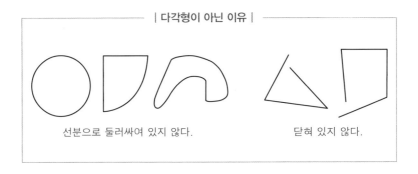

| 다각형이 아닌 이유 |

선분으로 둘러싸여 있지 않다.　　　　　　닫혀 있지 않다.

"이제 다각형이 무엇인지 알겠어요. 그런데 다각형 중에서 삼각형이 왜 기본이 되나요?"

도로시가 세 남자를 번갈아 쳐다보자 가장 큰 모자를 쓴 사람이 자기 모자 속에서 사각형과 오각형 그리고 육각형을 하나씩 꺼냈다. 그는 모자 속에서 꺼낸 다각형들을 손으로 쪼개어 삼각형으로 만들었다.

"모든 다각형은 삼각형으로 나눌 수 있습니다. 예를 들어 사각형은 2개의 삼각형으로 나눌 수 있고 오각형은 3개의 삼각형으로 나눌 수 있습니다. 즉, 다각형은 그 변의 개수보다 2개 적은 삼각형들로 나누어집니다. 그래서 삼각형의 성질만 잘 알면 다각형의 성질도 쉽게 알 수 있습니다. 이런 이유로 다각형에서는 삼각형을 가장 중요하게 여깁니다."

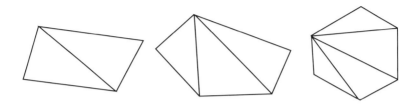

　지금까지 조용히 듣고 있던 할머니가 나서며 말했다.

　"동쪽의 나쁜 마녀는 다각형 나라의 사람들을 노예로 삼고 모든 도형들을 지배하려고 했지. 하지만 여기 있는 세 사람은 다행히도 나쁜 마녀에게 붙잡히지 않았어. 이제 동쪽의 나쁜 마녀가 사라졌으니 이들이 다른 모든 도형들을 자유롭게 풀어 줄 거야. 그래서 이들은 특히 중요한 삼각형인 셈이지. 잘 봐. 이들은 서로 모양이 조금씩 다르지. 그래서 이름도 제각각이야."

　할머니가 도로시에게 세 남자들에 대하여 설명하자 남자는 각자 자기의 이름을 밝혔다.

　"저는 두 밑각의 크기가 같은 이등변삼각형입니다. 사실 밑각의 크기가 같기 때문에 두 변의 길이도 같습니다."

　가장 큰 모자를 쓴 남자의 이름은 이등변삼각형이었다. 이름에서 알수 있듯이 그의 얼굴과 모자는 모두 이등변삼각형 모양이었다.

　"저는 한 각의 크기가 90도인 직각삼각형입니다."

　두 번째 큰 모자를 쓴 남자의 이름은 직각삼각형이었다. 그도 자신

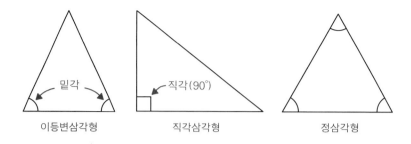

이등변삼각형   직각삼각형   정삼각형

의 이름과 같은 모양의 얼굴을 하고 모자를 썼다.

"마지막으로 저의 이름은 세 각의 크기가 모두 60도인 정삼각형입니다."

가장 작은 모자를 쓴 사람의 이름은 정삼각형이었다. 도로시는 정삼각형을 자세히 살펴보더니 웃으며 말했다.

"당신은 3개의 각이 60도로 같다고 하셨는데 변의 길이도 같아 보여요."

"맞습니다. 저는 각의 크기도 같지만 세 변의 길이도 모두 같습니다. 사실 저처럼 모든 각의 크기가 같고 모든 변의 길이가 같은 다각형을 정다각형이라고 합니다."

"어머. 그럼 정삼각형 이외에도 정사각형, 정오각형, 정육각형도 있다는 말이군요."

"그렇습니다. 동쪽의 나쁜 마녀는 특히 정다각형 모두를 노예로 삼으려고 했습니다. 다행히도 저희만 나쁜 마녀에게서 도망쳐서 노예가 되지 않았습니다. 그래서 나쁜 마녀는 다각형의 나라를 완전히 지배할 수는 없었답니다."

가장 작은 모자를 쓴 남자의 말을 듣고 나서 도로시는 주위를 한번 둘러보았다. 그러자 처음 보았던 나무의 열매들이 모두 지금까지 설명한 다각형 모양을 하고 있다는 것을 알게 됐다. 열매뿐만이 아니었다. 나무의 잎과 꽃들도 모두 다각형 모양을 하고 있었다. 그제야 이곳이 다각형의 나라인 이유를 알게 됐다.

"그럼 할머니도 폴리곤이신가요?"

"아니야. 나는 북쪽 나라의 마녀란다."

"할머니도 마녀라고요?"

"그럼! 하지만 나는 착한 마녀지. 그런데 이곳을 다스리던 나쁜 마녀보다는 마법이 세지 못해서 나 혼자 힘으로는 도저히 이곳 사람들을 구해 줄 수가 없었어."

"그렇지만 엠 아주머니가 마녀들은 아주 옛날에 모두 죽었다고 했어요."

"아니, 그렇지 않아. 사람들이 잘못 알고 있는 거야. 이곳 오즈의 나라에는 모두 4명의 마녀가 있는데, 그중에서 북쪽 나라와 남쪽 나라에 사는 2명은 아주 착한 마녀고 동쪽과 서쪽 나라의 마녀는 나쁜 마녀야. 그런데 아가씨가 동쪽의 나쁜 마녀를 죽였으니 오즈의 나라에는 서쪽에 사는 나쁜 마녀 1명만 남은 셈이지. 그런데 엠 아주머니는 누구지?"

"엠 아주머니는 저와 함께 캔자스 주에 사세요. 저는 엠 아주머니에게 돌아가고 싶어요. 어떻게 하면 캔자스로 돌아갈 수 있지요?"

"캔자스가 어딘지 나는 모르겠어. 그렇지만 혹시 위대한 오즈의 마법사님은 알고 계실지 모르지. 분명 그분은 알고 계실 거야. 왜냐하면 그분은 가장 위대한 마법사거든."

"오즈의 마법사님이요? 그분은 어디 가면 만날 수 있나요?"

"그분은 오즈 나라의 한가운데에 있는 에메랄드 시에 살고 계시는데 다른 어떤 마녀들보다 훨씬 더 강력한 힘을 가지고 있지."

도로시는 또 다른 궁금한 점을 물어보려고 했다. 바로 그때 두 사람 곁에 말없이 서 있던 폴리곤들이 비명을 지르며 나쁜 마녀가 깔려 있던 디멘션 캡슐 아래쪽을 가리켰다.

"무슨 일이지?"

착한 마녀가 깜짝 놀라 물었다. 그리고 바닥을 내려다보았다. 디멘션 캡슐에 깔려 죽은 마녀의 발이 어디론가 사라지고 은 구두 두 짝만 달랑 남아 있는 것을 보더니 착한 마녀가 큰 소리로 웃었다.

"나쁜 마녀는 너무 늙었던 거야. 그래서 햇빛에 말라 버린 거지. 이제 마녀는 완전히 사라졌어. 그러니 이 은 구두는 아가씨의 것이야. 아가씨가 신어야만 해."

은 구두를 집어든 북쪽 나라의 착한 마녀는 구두에 묻은 흙을 털어내고 도로시에게 건넸다. 그러자 가장 큰 모자를 쓴 폴리곤이 말했다.

"동쪽 나라 마녀는 이 은 구두를 굉장히 자랑스럽게 여겼습니다. 이 구두에는 뭔가 놀라운 마법이 있는 것이 분명합니다. 하지만 그것이 어떤 마법인지 저희는 모릅니다."

구두를 건네받은 도로시는 구두를 바닥에 내려놓고 신어 봤다. 은 구두는 마치 도로시를 위해 만든 것처럼 발에 꼭 맞았다. 특히 앞이 뾰족한 삼각형 모양이어서 은 구두는 햇빛에 반사되어 더욱 반짝거렸다.

"저는 다시 헨리 아저씨와 엠 아주머니가 있는 곳으로 돌아가고 싶어요. 그분들이 무척 걱정하고 계실 테니까요. 어떻게 하면 제가 캔자스로 돌아갈 수 있는지 알려 주세요."

폴리곤들과 착한 마녀는 서로의 얼굴을 마주보았다. 그리고 다시 도로시를 쳐다보더니 함께 고개를 저었다.

"우리는 아가씨를 캔자스로 돌아가게 할 수 없어. 오즈의 마법사라면 할 수 있을지 모르지만."

"그럼 제가 그분에게 부탁해 볼게요. 그분을 만나려면 어떻게 해야 하나요?"

도로시가 울먹이며 부탁하자 애처롭게 바라보던 가장 작은 모자를 쓴 남자가 말했다.

"그분은 에메랄드 시에 살고 계십니다. 그리고 그곳까지는 저기 보이는 노란 길을 따라 한참 걸어가야 합니다. 노란 길만 따라가면 되니 길을 잃을 염려는 없을 겁니다."

그러자 착한 마녀가 말했다.

"그곳까지 가는 길은 아주 위험하니 조심해야 해. 그 길을 따라가다 보면 때로는 즐거운 일도 있겠지만 때로는 끔찍한 일도 일어날 거야. 하지만 내가 마법을 써서 아가씨를 위험으로부터 지켜 줄게."

그러더니 착한 마녀는 도로시의 이마에 살짝 입을 맞추었다.

"어느 누구도 감히 북쪽 마녀가 입맞춤해 준 사람을 해치지는 못해."

북쪽 나라의 착한 마녀가 입맞춤까지 해 주었지만 폴리곤들은 어두운 얼굴을 하고 있었다. 두 번째 큰 모자를 쓴 남자가 말했다.

"그렇지만 지금까지 누구도 오즈의 마법사를 만난 사람은 없습니다.

그래서 우리는 심지어 그분이 남자인지, 여자인지도 모릅니다."

그러자 착한 마녀가 말했다.

"하지만 그분은 꼭 도와주실 거야. 오즈 앞에 가면 두려워하지 말고 아가씨의 사정을 솔직하게 말씀드리도록 해. 그럼 귀여운 아가씨, 잘 가."

3명의 폴리곤과 착한 마녀는 도로시에게 허리를 숙여 인사했다. 착한 마녀가 왼쪽 발꿈치를 땅에 대고 3번 빙빙 돌자 그들의 모습이 순식간에 사라졌다. 이 광경을 본 토토는 큰 소리로 짖어 댔다. 사실 마녀와 폴리곤들이 있는 동안 토토는 겁에 질려 꼼짝도 하지 못했다. 도로시는 그들이 마법으로 사라질 것이라고 어느 정도 예상하고 있었기 때문에 그다지 놀라지 않았다.

허수아비와 숫자 1

도로시는 북쪽의 착한 마녀와 폴리곤들과 헤어진 후 곧바로 에메랄드 시를 향해 출발했다. 에메랄드 시까지 얼마나 걸릴지 알 수 없었기 때문에 도로시는 캡슐 안에 있던 빵 바구니를 꺼내 들고 걸었다. 여러 갈래 길이 있었지만 도로시는 금방 노란색 벽돌이 깔린 길을 찾을 수 있었다. 도로시는 에메랄드 시를 향해 씩씩하게 걸어갔다. 비록 뜻하지 않게 디멘션 캡슐을 타고 머나먼 낯선 땅에 홀로 떨어지기는 했지만 그렇게 슬프거나 외롭지 않았다.

노란색 벽돌이 깔린 길을 따라 걸으며 도로시는 주위의 아름다운 풍경에 놀라지 않을 수 없었다. 길 양쪽으로는 밝은 파란색으로 칠해진 나지막한 담장이 서 있었다. 담장 너머에는 온갖 곡식과 채소가 풍요롭게 자라는 들판이 끝없이 펼쳐졌다. 폴리곤들은 농작물을 키우는 데

특별한 재주가 있는 훌륭한 농부들인 것이 분명했다. 그런데 특이한 점은 곡식들도 모두 다각형 모양을 하고 있다는 것이었다.

얼마를 갔을까? 조금 지친 도로시는 잠시 쉬어야겠다는 생각이 들었다. 그래서 길 양쪽에 서 있는 담장 위로 올라가 네모난 널빤지 위에 걸터앉았다. 몇 걸음 떨어지지 않은 곳에 허수아비가 서 있는 것이 보였다. 허수아비는 옥수수밭으로 몰려드는 새들을 쫓기 위해 긴 장대 위에 매달려 있었다. 도로시는 손으로 턱을 괸 채, 멍하니 허수아비를 바라보며 쉬었다.

허수아비의 머리는 짚으로 채워진 작은 자루였는데, 그 자루에는 사람 얼굴처럼 눈과 코와 입이 그려져 있었다. 허수아비는 끝이 뾰족하고 누덕누덕한 삼각형 모양의 파란색 모자를 쓰고 있었다. 신발은 이 나라 사람들이 모두들 신고 다니는 파란색 낡은 장화였다. 몸통과 다리는 머리와 마찬가지로 짚으로 채워진 자루에 파란색 옷을 입고 있었다. 머리와 몸통을 짚으로 만들었다는 것은 여기저기 삐져나와 있는 짚을 보면 누구나 금방 알 수 있다.

도로시는 이상하고 약간 우스꽝스럽게 생긴 허수아비의 얼굴을 들여다보았다. 그런데 허수아비가 그녀를 향해 한쪽 눈을 찡끗했다. 도로시는 깜짝 놀랐다. 도로시는 뭔가 잘못 본 것이라고 생각했지만 허수아비는 도로시를 향해 정중하게 고개를 숙이며 인사했다. 도로시는 윙크를 하거나 인사를 하는 허수아비를 지금까지 한 번도 본 적이 없었다. 도로시는 신기한 허수아비를 조금 더 자세히 보기 위해 담장에서 내려와 허수아비에게 다가갔다.

"안녕? 좋은 날이지?"

허수아비가 거친 목소리로 먼저 인사했다. 그러자 토토는 허수아비가 매달려 있는 장대 주위를 빙빙 돌면서 시끄럽게 짖어 댔다.

"토토, 조용히 해."

도로시는 토토를 진정시키고 지금까지 한 번도 본 적 없는, 말하는 허수아비에게 물었다.

"네가 말한 거니?"

도로시가 묻자 허수아비는 친절하게 대답했다.

"그럼. 그런데 난 짚으로 만들어져서 목소리가 좀 거칠어."

"괜찮아. 만나서 반갑다."

도로시는 허수아비에게 친절하게 인사했다.

"만나서 반갑구나."

허수아비가 웃으며 대답했다.

"난 밤이나 낮이나 장대에 매달려서 까마귀나 쫓고 있으려니 너무 지겨워."

"거기서 내려올 수 없니?"

도로시가 걱정스러운 표정으로 묻자 허수아비가 말했다.

"내 등에는 1자 모양의 긴 장대가 꽂혀 있거든. 만약 네가 이 장대를 뽑아 준다면 내려갈 수 있어."

도로시는 두 팔을 뻗어서 허수아비를 장대에서 들어 올려 빼냈다. 허수아비는 짚으로 만들어져 있었기 때문에 아주 가벼웠다.

"정말 고마워. 내가 땅을 밟는 것은 이번이 처음이야. 그동안은 매일 장대에 매달려 있었거든."

  땅 위로 내려진 허수아비는 처음에는 비척거렸지만 시간이 갈수록 점점 더 잘 걷게 됐고, 마침내 어린아이처럼 팔짝팔짝 뛰기도 했다. 그러다가 늘어지게 하품을 하며 활짝 기지개를 켰다. 허수아비는 도로시에게 물었다.

  "너는 누구니? 어디로 가는 중이야?"

  "내 이름은 도로시야. 나는 지금 위대한 마법사 오즈에게 나를 캔자스로 돌려보내 달라고 부탁하려고 에메랄드 시로 가는 중이야."

  "오즈가 누구지?"

  "어머, 오즈를 모른단 말이야?"

  "난 모르는걸. 내가 아는 것이라곤 내 안을 가득 채우고 있는 1뿐이라고. 이것 봐. 내 머리와 가슴은 모두 1자 모양의 짚으로 꽉   차 있어. 그래서 나에게는 생각할 수 있는 뇌가 없단 말이야."

  허수아비는 서글픈 목소리로 대답했다. 도로시는 안타까운 표정으로 말했다.

  "그렇구나. 그럼 네가 아는 것이라고는 1뿐이겠네?"

  "맞아. 나는 누구보다도 1을 잘 알고 있지. 그리고 내 몸과 머리뿐만 아니라 팔과 다리도 짚으로 만들어졌기 때문에 상처를 입거나 아플 염려가 없어. 내 장점 중 하나지. 어떤 사람이 내 발가락을 밟거나 바늘로 찌른다고 해도 나는 느끼지 못하기 때문에 아프지 않아. 하지만 사람들이 나를 바보라고 부르는 건 정말 싫어. 내 머릿속에는 너처럼 뇌가 들어 있지 않고 1자 모양의 지푸라기만 가득 들어 있는데 내가 어떻게 1 말고 다른 것을 알 수 있겠어?"

허수아비의 한탄에 도로시는 고개를 끄덕이며 말했다.

"그 기분은 나도 알 것 같아. 그럼 나와 함께 에메랄드 시로 가서 오
즈의 마법사에게 뇌를 만들어 달라고 부탁해 보면 어떨까?"

도로시의 말에 허수아비는 도로시를 한참 바라보다가 대답했다.

"그게 좋겠어. 혹시 오즈의 마법사가 나에게 뇌를 만들어 주지 않는
다고 해도 손해 볼 건 없으니까."

그래서 허수아비는 도로시와 함께 에메랄드 시로 가기로 했다. 도로
시는 허수아비가 담장을 넘을 수 있도록 도와주었다. 그리고 둘은 노
란 벽돌 길을 따라 걷기 시작했다. 토토는 허수아비가 움직이고 말을
할 때부터 허수아비를 무서워했지만 함께 노란 길을 걷자 꼬리를 치며
이리저리 뛰었다.

"저 동물의 이름은 무엇이니?"

"응. 쟤는 강아지고 이름은 토토야. 물지 않으니까 걱정하지 않아
도 돼."

"그렇구나. 내가 이 세상에서 무서워하는 것은 딱 한 가지야."

"그게 뭐지?"

"그건 바로 성냥이야. 만약 불이 나면 난 그냥 사라져 버리거든. 그렇게 되면 내 안의 1은 사라질 거야. 그리고 1이 사라지면 큰일이 난다고."

"불이 나는 것은 위험한 일이야. 그런데 1이 사라지면 왜 큰일이 나지?"

도로시가 묻자 허수아비는 옆구리로 삐져나온 지푸라기 하나를 뽑아 도로시에게 보여 주었다.

"아까도 말했지만 내 몸속은 온통 똑같은 모양의 지푸라기로 채워져 있어. 그리고 이 지푸라기는 모두 1과 같은 모양이지. 사실 이 세상의 모든 1은 내가 전부 가지고 있거든. 그래서 내가 불타면 1이 없어지고, 그러면 수학도 사라지지."

"1이 없으면 왜 수학이 사라지는 건데?"

도로시가 묻자 허수아비가 말했다.

"1만 있으면 뭐든지 할 수 있어. 1에 1을 더하면 2가 되고 1에 1 그리고 1을 또 더하면 3이야. 이런 식으로 하면 너는 아무리 큰 수라도 만들 수 있지."

그러자 도로시가 말했다.

"그건 덧셈이구나. 덧셈은 나도 알아. 학교에서 배웠거든."

"그럼 모든 수학이 1로부터 시작된 것도 잘 알겠네?"

"그렇지만 그건 잘 모르겠어. 1을 여러 번 더하면 더한 횟수만큼의 수가 된다는 것은 알지만 말이야."

"수학에서 1은 덧셈으로 모든 수를 만들어 내니까 마치 수의 아버지와 같아. 네가 말한 것처럼 1은 더하는 횟수만큼의 수를 만들 수 있지. 그래서 이 세상의 모든 자연수를 만들 수 있어. 이를테면 575,040은 1을 오십칠만 오천 사십 번 더하면 돼."

"그럼 1은 모든 자연수를 만들 수 있는 거야?"

"그럼. 그런데 자연수는 끝이 없어. 이를테면 $1+1+1+1+1+1+1+1+$ …과 같이 1을 계속해서 더하면 575,040보다 더 큰 수도 얼마든지 얻을 수 있지. 사실 이와 같은 방법으로 엄청나게 큰 수를 얻을 수 있어."

"그럼 1을 계속 더하면 이 세상에서 가장 큰 수도 만들 수 있겠네?"

도로시가 묻자 허수아비는 자루에 그려진 눈을 껌뻑거리더니 대답했다.

"하지만 이 세상에서 가장 큰 수는 없어. 예를 들어 1을 아주 많이 더하여 이 세상에서 가장 큰 수를 얻었다고 해 보자. 그 수는 엄청나게 큰 수일 테니까 (엄청 큰 수)라고 할까? 하지만 우리에게는 1이 있기 때문에 [(엄청 큰 수)+1]은 지금까지 가장 큰 수인 (엄청 큰 수)보다 1 큰 수가 되는 거야. 그러면 이번에는 [(엄청 큰 수)+1]이 새로운 가장 큰 수가 되지. 여기에 다시 1을 더하면 [{(엄청 큰 수)+1}+1]이 되고, 이 수는 [(엄청 큰 수)+1]보다 또 1이 큰 수이지. 그래서 (엄청 큰 수)보다 큰 수를 계속해서 만들 수 있어. 1을 계속 더하는 것은 무한 번 가능하기 때문에 이 세상에서 가장 큰 수가 무엇인지 알 수 없어."

허수아비의 설명에 도로시는 고개를 끄덕이더니 다시 물었다.

"그럼 1로는 큰 수만 만들 수 있는 거니?"

"그렇지 않아. 1은 작은 분수도 만들어. 예를 들어 그 바구니에 있는 빵 1개를 너 혼자 먹는다면 넌 얼마만큼의 빵을 먹는 거지?"

"빵 하나를 나 혼자 먹으니까 내가 먹을 수 있는 빵의 양은 1이야."

"그렇지. 빵 하나를 한 사람이 먹는 것은 $\frac{1}{1}$이라고 표현할 수 있어. 그리고 $\frac{1}{1} = 1$이므로 혼자 먹을 수 있는 양은 1이야. 그런데 빵 하나를 2명이 먹는다면 어떻게 될까?"

"그거야 빵을 먹으려는 사람은 모두 2명이고 빵은 1개이므로 반씩 먹을 수 있겠네."

"그래. 그것은 $\frac{1}{1+1}$과 같아. 그럼 3명이 먹으려면 어떻게 될까?"

"네 말대로라면 $\frac{1}{1+1+1}$이겠지."

"맞아. 그럼 575,040명이 먹으려면 얼마나 먹을 수 있지?"

허수아비가 묻자 도로시는 땅바닥에 1을 써 내려가기 시작했다. 그러자 허수아비가 말했다.

"이제 간단히 써 보자고. $1+1 = 2$이고 $1+1+1 = 3$이므로 $\frac{1}{1+1} = \frac{1}{2}$, $\frac{1}{1+1+1} = \frac{1}{3}$이라고 쓸 수 있어. 마찬가지로 575,040명이 먹으려면 1을 575,040개 써야 하지만 그 많은 1을 모두 쓸 필요는 없지. 그냥 $\frac{1}{575,040}$이라고 쓰면 돼. 우리는 이런 수를 분수라고 해. 분수의 가로선 밑에 있는 수를 분모, 위에 있는 수를 분자라고 하지. 즉, 분수는 $\frac{분자}{분모}$와 같이 쓸 수 있어."

"그런데 $\frac{1}{2}$, $\frac{1}{3}$에 비하여 $\frac{1}{575,040}$은 너무 작은 양이야. 먹으나 마나겠는걸."

도로시가 투덜거렸다.

"사실 $\dfrac{1}{575,040}$ 은 아주 작은 수란다. 그리고 575,040보다 엄청나게 큰 수, 즉 (엄청 큰 수)를 분모로 한다면 $\dfrac{1}{(엄청\ 큰\ 수)}$ 이 되지. 이 수는 $\dfrac{1}{575,040}$ 보다 더 작아서 눈에 보이지 않을 정도의 분수가 된단다."

허수아비의 설명을 듣던 도로시가 고개를 끄덕였다.

"수학은 여러 가지 사실을 수를 이용하여 설명하는 분야이기 때문에 숫자 1이 없으면 크고 작은 모든 수가 없어지고 결국 수학이 사라지지."

"그랬구나. 그럼 너는 수학에서 아주 중요한 허수아비구나."

도로시가 허수아비를 존경스럽게 쳐다보자 허수아비가 어깨를 으쓱하며 설명을 이어 갔다.

"사실 1이 중요한 또 다른 이유가 있어."

"또 다른 이유? 뭔데?"

"1은 그다음 수인 2, 3, 4, … 와는 구별할 필요가 있어. 왜냐하면 1은 자연수의 시작이므로 숫자 이상으로 '신성한 것'이거든. 어떤 수학자들은 1은 홀수도, 짝수도 아닌 독립된 수라고 생각하기도 했어. 그래서 홀수와 짝수를 구분할 때 1을 빼놓기도 했단다."

"하지만 1은 홀수인데?"

"네 말이 맞아. 그렇지만 모든 수는 1로 나누어떨어지기 때문에 1로 나누어 수를 구분할 수는 없어. 그러나 2로 나누어지는지에 따라서는 수를 구분할 수 있지. 즉, 어떤 수를 2로 나누었을 때 나누어떨어지는 수를 짝수라 하고, 나머지가 1인 수를 홀수라고 하지. 이것이 수를 성질에 따라 나눈 최초의 일이야."

"그럼 모든 자연수는 짝수 아니면 홀수겠네?"

"그렇지. 마치 사람이 남자와 여자로 크게 나누어지는 것처럼 말이야. 그래서 홀수를 남자로, 짝수를 여자로 생각하고 제일 첫 번째 짝수 2와 1을 제외한 첫 번째 홀수 3을 더한 수 5는 결혼을 뜻한단다."

"정말 1은 중요한 수구나."

도로시가 허수아비의 설명을 듣고 1이 중요한 이유를 이해했다는 듯 고개를 끄덕이자 허수아비가 말했다.

"그것 말고도 1은 흥미로운 성질도 가지고 있어. 1은 어떤 수에 곱해도 그 수를 변화시키지 않지. 원래의 수 그대로가 돼. 즉 $1 \times 1 = 1$, $2 \times 1 = 2$, $3 \times 1 = 3$, … 물론 1로 나누어도 마찬가지야."

"네 말을 듣고 보니 정말 $1 \div 1 = 1$, $2 \div 1 = 2$, $3 \div 1 = 3$, … 이렇게 되는구나."

허수아비가 도로시의 눈을 보며 물었다.

"너, 곱셈을 잘하니?"

허수아비의 물음에 도로시는 고개를 가로저으며 말했다.

"난 수학을 잘 못해. 물론 곱셈도 잘 못하지."

"그렇지만 1×1이 얼마인지는 알겠지?"

"그건 아까도 했잖아. $1 \times 1 = 1$이지."

"그럼 11×11은?"

허수아비가 두 자릿수 곱셈을 묻자 도로시는 잠시 당황했지만 어렵지 않게 답했다.

"11×11=121이지."

"오호라, 대단한데. 그럼 1이 3개씩 있는 111×111은?"

세 자릿수 곱셈이 나오자 도로시는 한참을 계산하더니 어렵게 답을 말했다.

"111×111=12321인가? 맞아?"

"응, 맞아. 그럼 이번에는 1111×1111은 얼마일까?"

"그만해. 머리가 터질 것 같아."

도로시가 소리치자 허수아비가 빙긋이 웃으며 말했다.

"계산을 하려면 복잡하지? 하지만 규칙을 발견하면 간단해. 지금까지 한 계산을 살펴볼까?"

허수아비는 곱셈에 대하여 도로시에게 물어본 것을 노란 벽돌로 된 길 위에 차례대로 썼다.

"잘 보라고. 여기에 어떤 규칙이 있을까?"

$$1 \times 1 = 1$$
$$11 \times 11 = 121$$
$$111 \times 111 = 12321$$
$$1111 \times 1111 = ?$$

도로시는 허수아비가 쓴 계산 결과를 유심히 들여다보다가 말했다.

"그렇구나. 1이 2개 있는 11을 두 번 곱하면 가운데가 2, 1이 3개 있는 111을 두 번 곱하면 가운데가 3이고, 이것을 기준으로 대칭이 되네.

그렇다면 1이 4개 있는 1111을 두 번 곱하면 가운데가 4이고 대칭이

어야 하므로 1234321이겠네!"

"맞아. 1의 개수에 따라 곱셈은 이렇게 되지."

허수아비는 1이 여러 개 있는 수의 곱을 적었다.

$$1 \times 1 = 1$$

$$11 \times 11 = 121$$

$$111 \times 111 = 12321$$

$$1111 \times 1111 = 1234321$$

$$11111 \times 11111 = 123454321$$

$$111111 \times 111111 = 12345654321$$

$$1111111 \times 1111111 = 1234567654321$$

$$11111111 \times 11111111 = 123456787654321$$

$$111111111 \times 111111111 = 12345678987654321$$

"그런데 이런 규칙은 1이 9개일 경우까지만 나타나."

"와! 정말 1은 신기한 수네. 또 다른 것도 알고 있어?"

도로시가 신기해하며 흥미를 갖자 허수아비는 다시 우쭐하여 어깨

를 들썩였다.

"음. 1, 2, 3, 4, 5, 6, 7, 8, 9가 나왔으니 이 수들을 이용하여 곱셈을

만들어 볼게."

$$1 = 1 \times 1$$
$$1 + 2 + 1 = 2 \times 2$$
$$1 + 2 + 3 + 2 + 1 = 3 \times 3$$
$$1 + 2 + 3 + 4 + 3 + 2 + 1 = 4 \times 4$$
$$1 + 2 + 3 + 4 + 5 + 4 + 3 + 2 + 1 = 5 \times 5$$
$$1 + 2 + 3 + 4 + 5 + 6 + 5 + 4 + 3 + 2 + 1 = 6 \times 6$$
$$1 + 2 + 3 + 4 + 5 + 6 + 7 + 6 + 5 + 4 + 3 + 2 + 1 = 7 \times 7$$
$$1 + 2 + 3 + 4 + 5 + 6 + 7 + 8 + 7 + 6 + 5 + 4 + 3 + 2 + 1 = 8 \times 8$$
$$1 + 2 + 3 + 4 + 5 + 6 + 7 + 8 + 9 + 8 + 7 + 6 + 5 + 4 + 3 + 2 + 1$$
$$= 9 \times 9$$

"와! 신기하다. 이런 것이 또 있어?"

"그럼. 이번에는 1이 하나, 둘, 셋, 이렇게 차례대로 나오게 만들어 볼까?"

허수아비는 이번에도 노란 벽돌 길 위에 열심히 적기 시작했다.

$$0 \times 9 + 1 = 1$$
$$1 \times 9 + 2 = 11$$
$$12 \times 9 + 3 = 111$$
$$123 \times 9 + 4 = 1111$$
$$1234 \times 9 + 5 = 11111$$
$$12345 \times 9 + 6 = 111111$$

$$123456 \times 9 + 7 = 1111111$$

$$1234567 \times 9 + 8 = 11111111$$

$$12345678 \times 9 + 9 = 111111111$$

"대단해! 모든 것이 삼각형 모양을 하고 있네."

도로시는 허수아비가 흥미로운 계산을 척척 하자 놀라운 눈으로 바라보았다.

"그런데 허수아비야, 너는 정말 뇌가 없니?"

"응. 아까도 말했지만 내 몸은 온통 1로 꽉 차 있고 뇌는 없어. 그래서 나도 뇌를 얻으려고 너와 함께 오즈의 마법사에게 가고 있잖아."

"하지만 내가 보기에 너는 대단한 뇌를 가지고 있는 것 같아."

도로시는 비록 허수아비의 온몸이 숫자 1로 채워져 있지만 누구보다도 뛰어난 두뇌를 가지고 있다고 생각했다.

허수아비는 도로시에게 깜짝 퀴즈를 냈다.

"1 모양인 내 지푸라기 하나를 써서 다음 식이 맞도록 고쳐 봐."

도로시는 지푸라기를 어디에 놓으면 될까?

$$1 + 2 - 3 = 139$$

4
허수아비의 탄생과 선대칭도형

도로시와 허수아비는 에메랄드 시로 이어진 노란 벽돌 길을 함께 걸어갔다. 허수아비는 아직도 걸음이 서툴러서 종종 툭 튀어나온 돌부리에 발이 걸려 넘어지곤 했다. 노란 길은 때때로 끊어지거나 완전히 사라지기도 했다. 그러나 도로시와 허수아비는 노란 길을 다시 쉽게 찾을 수 있었다.

길을 가다가 움푹 파인 웅덩이가 나올 때마다 토토는 깡충 뛰어서 건너고 도로시는 빙 돌아갔지만 허수아비는 생각할 수 있는 뇌가 없기 때문인지 그대로 곧장 걸어갔다. 그래서 허수아비는 웅덩이 속에 빠지거나 단단한 벽돌 위로 넘어지곤 했다. 그때마다 아프다고 하지도 않고, 다치는 법도 없었다. 도로시는 허수아비가 넘어질 때마다 다시 일으켜 세워 주었다.

얼마나 걸었을까, 해가 도로시와 허수아비의 머리 위에 있을 때쯤 작은 시냇가에 도착했다. 둘은 시냇가 언덕에 앉았고 도로시는 바구니에서 빵을 꺼내어 토토에게 조금 떼어 주었다. 그리고 허수아비에게도 한 조각을 건넸지만 그는 사양했다.

"나는 괜찮아. 난 배고픈 걸 몰라."

도로시가 빵을 다 먹자 허수아비가 말했다.

"도로시, 네가 살던 곳은 어떤 곳이니?"

도로시는 캔자스에 대해 자세하게 이야기해 주었다. 캔자스는 드넓은 초원이고 가끔씩 회오리바람이 불며, 헨리 아저씨는 집 옆에 있는 작은 창고와 같은 시공간 연구소에서 매일매일 연구만 했고, 엠 아주머니는 집안일을 하느라고 항상 바빴다는 것 그래서 친구가 토토뿐이었고, 어느 날 헨리 아저씨가 발명한 시공간 이동 기계인 디멘션 캡슐이 작동되어 오즈의 나라로 오게 됐다는 이야기를 들려주었다.

"그럼 이번에는 네 이야기를 들려주겠니?"

도로시의 물음에 허수아비는 한숨을 내쉬며 말했다.

"내 인생은 너무 짧아서 말할 게 별로 없어. 나는 바로 어제 만들어졌거든. 그러니까 나는 그 이전에 무슨 일이 있었는지 하나도 몰라. 하지만 한 가지 다행스러운 일은 폴리곤 농부가 내 얼굴을 만들 때 제일 먼저 내 귀를 만들었다는 점이야. 덕분에 나는 무슨 일이 일어나고 있는지 들을 수 있었지. 폴리곤 농부 옆에는 또 다른 폴리곤 농부가 있었는데, 나는 그들이 하는 대화를 들었어. 그것이 이 세상에서 내가 처음으로 들은 소리였어."

도로시는 허수아비의 말을 듣고 궁금한 표정으로 물었다.

"처음 들은 말이 뭐였어?"

"내가 처음 들은 대화는 내 귀에 관한 거였어.

'이 귀 모양이 어때?'

'내가 보기에는 두 귀가 대칭이 되지 않고 삐뚤어진 것 같아.'

'그래? 하지만 상관없어. 어쨌든 허수아비가 귀를 가졌다는 것이 중요하지.'

'이제 눈을 만들자.'

폴리곤 농부는 이렇게 말하고 내 오른쪽 눈을 그려 넣기 시작했어. 그 일이 끝나자마자 나는 농부의 얼굴을 볼 수 있었지. 나로서는 생전 처음 보는 다각형 얼굴이었어. 사실 이 세상 모든 것이 생전 처음 보는 것이었지. 그래서 난 호기심 가득 찬 눈으로 나를 둘러싼 모든 것을 둘러보았어.

'허수아비가 예쁜 파란 눈을 갖게 됐네.'

옆에 있던 농부가 말했어.

'왼쪽 눈도 오른쪽 눈과 똑같이 그려야지.'

'그러려면 선대칭도형의 성질을 이용해야 해.'

내 오른쪽 눈을 그린 농부가 옆에 있던 다른 농부에게 물었어.

'선대칭도형이 뭐지?'

그러자 내 오른쪽 눈을 그린 농부는 다른 농부에게 선대칭도형에 대하여 설명하기 시작했지. 그리고 그것이 내가 세상에서 처음으로 알게 된 수학이었어. 어쨌든 그때부터 내 왼쪽 눈과 코 그리고 입은 선대칭 도형의 성질을 이용하여 그려졌지."

허수아비가 자신의 탄생에 대한 설명을 마치자 도로시가 물었다.

"그런데 선대칭도형이 뭐야?"

도로시가 묻자 허수아비는 잠시 눈을 껌뻑거리더니 냇물에 얼굴을 비춰 볼 수 있도록 도로시를 냇가로 가까이 데려왔다.

"잘 봐. 냇물에 비친 너의 모습은 마치 쌍둥이 같지. 이처럼 도형을 냇물이나 거울에 비췄을 때의 모습을 보는 것과 비슷해. 예를 들어 이 그림처럼 ㉮ 화살표 모양을 오른쪽으로 뒤집으면 ㉯ 화살표 모양이지. 마치 중간에 거울이 있는 것처럼 말이야."

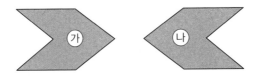

"이건 종이 위에 그림물감을 두껍게 칠하고 반으로 접어서 양쪽으로 같은 무늬를 만드는 것과 비슷하네."

도로시가 말했다.

"맞아. 그걸 평면도형 뒤집기라고 해. 다른 말로 '평면도형의 대칭 이동'이야. 대칭은 어떤 선이나 점을 중심으로 양쪽에 똑같은 형태, 구성의 위치에 모양이 있는 것을 말해. 이때 선을 중심으로 대칭이동 하는 것을 선대칭이라고 하지. 그리고 농부들은 나의 눈과 코 그리고 입을 선대칭으로 만들었어."

"그런데 난 네가 무슨 이야기를 하는지 잘 모르겠어. 조금 더 자세히 설명해 주겠니?"

"너 혹시 거울 놀이를 해 본 적 있어? 직사각형 모양의 큰 거울에 몸의 반쪽을 댄 후 발을 올리고 손을 저으면 마치 공중에 뜬 것과 같은 모습을 만들 수 있잖아."

허수아비의 말에 도로시가 맞장구를 쳤다.

"맞아. 그 놀이는 나도 캔자스의 집에서 엠 아주머니와 같이 해 봤어. 정말 신기하더라. 그 놀이를 할 때 거울에 비친 내 모습의 오른쪽과 왼쪽이 바뀌었었지."

"맞아. 거울은 좌우가 바뀌는 대칭을 만들어. 그리고 거울을 어떻게 대고 비추냐에 따라 모양이나 숫자, 글자가 다르게 나타나지. 비치는 물체와 직접 만나는 거울의 끝선처럼 대칭을 이루는 기준이 되는 직선을 대칭축이라고 해."

허수아비는 말을 마치고 누덕누덕한 파란 모자를 벗었다. 허수아비는 모자 속에 손을 넣더니 작은 거울을 하나 꺼냈다. 그러자 도로시가 신기한 듯 말했다.

"이 나라에 와서 처음 만난 폴리곤들도 모자에서 이것저것 마음대로 꺼내더니 너도 그러네."

"왜냐하면 이곳은 오즈의 나라고 난 폴리곤이 만들었으니까."

허수아비는 바닥에 굵은 글씨로 8자를 썼다.

"잘 봐. 이것은 숫자 8의 한가운데에 세로로 거울을 놓고 비춘 모습이야. 어때? 원래의 모양과 똑같은 모습이 나타나지? 이런 것을 선대칭도형이라고 해. 선대칭도형은 어떤 직선으로 접어서 완전히 겹쳐지는 도형이야. 이때 그 직선을 선대칭도형의 대칭축이라고 하지."

허수아비는 거울을 도로시에게 건네주며 말했다.

"그럼 숫자 8에는 대칭축이 몇 개 있을까?"

도로시는 허수아비에게 건네받은 거울을 이리저리 움직이며 똑같은 모양이 나오는 경우를 찾았다. 도로시는 거울을 여기저기 대어 보았지만 대칭이 되는 경우를 찾기 쉽지 않았다. 그러다가 대칭이 되는 2가지 경우를 찾았다.

"대칭이 되는 경우는 2가지가 있어. 따라서 숫자 8의 대칭축은 모두 2개야."

도로시의 말에 허수아비는 빙긋이 웃었다.

대칭이 되는 경우   대칭이 되지 않는 경우

"그럼 우리가 알고 있는 도형 중에서 선대칭도형은 어떤 것들이 있을까?"

"이건 마치 종이를 똑같이 포개어 접는 것과 같구나. 그렇다면 이등변삼각형, 정삼각형, 등변사다리꼴, 직사각형, 정사각형, 원 등이 선대칭도형이겠네?"

"잘 알고 있구나. 선대칭도형의 대칭축은 도형에 따라서 그 개수가 달라. 또 같은 선대칭도형인 삼각형이라고 해도 그 모양에 따라서 대칭축의 개수가 달라."

허수아비는 바닥에 이등변삼각형, 정삼각형, 등변사다리꼴, 직사각형, 정사각형, 원을 차례로 그렸다. 도형을 그린 허수아비는 먼저 이등변삼각형과 정삼각형에 거울을 대며 말했다.

"이등변삼각형은 이것처럼 대칭축이 1개이지만 정삼각형은 대칭축이 3개야."

허수아비가 거울을 이용하여 이등변삼각형과 정삼각형의 대칭축의 개수를 구하자 도로시도 해 보고 싶어졌다.

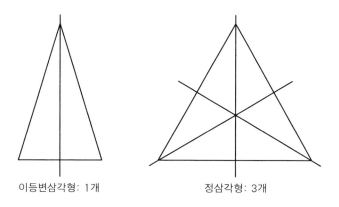

이등변삼각형: 1개   정삼각형: 3개

"거울을 줘 보겠니? 내가 등변사다리꼴과 직사각형 그리고 정사각형은 대칭축이 몇 개씩 있는지 찾아볼게."

허수아비는 미소를 지으며 도로시에게 거울을 건넸다. 도로시는 등변사다리꼴과 직사각형 그리고 정사각형, 각각에 거울을 대 보고 말했다.

"사각형 중에서 등변사다리꼴의 대칭축은 1개, 직사각형은 2개, 정사각형은 4개야."

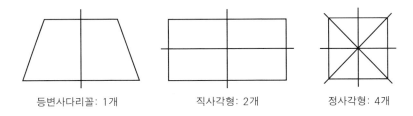

등변사다리꼴: 1개   직사각형: 2개   정사각형: 4개

도로시의 말이 끝나자 허수아비는 원 위에 거울을 대며 말했다.

"대칭축의 개수는 삼각형에서는 정삼각형이, 사각형에서는 정사각형이 가장 많은 것처럼 대칭축은 정다각형일수록 많아. 변의 수가 많은 정다각형일수록 대각선의 수가 많아지지만 원보다는 그 수가 적어. 왜냐하면 원의 대칭축은 셀 수 없이 많기 때문이지."

허수아비는 지금까지 그렸던 숫자 8과 도형들 옆에 육각형 하나를 더 그렸다.

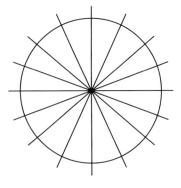

원: 무수히 많다.

"이제 내 얼굴을 폴리곤 농부들이 어떻게 만들었는지 설명해 줄 때가 됐구나. 선대칭도형에서 대칭축을 중심으로 접었을 때 겹쳐지는 점을 대응점, 겹쳐지는 변을 대응변, 겹쳐지는 각을 대응각이라고 해."

도로시에게 자신의 얼굴이 어떻게 생겼는지 조금 더 자세히 설명하기 위하여 허수아비는 바닥에 자신의 얼굴 모양인 육각형을 그렸다.

"이건 내 얼굴이야. 여기서 점 ㄱ과 점 ㅅ, 점 ㄴ과 점 ㅂ, 점 ㄷ과 점 ㅁ은 서로 대응점이야. 또 변 ㄱㅇ과 변 ㅅㅇ, 변 ㄱㄴ과 변 ㅅㅂ, 변 ㄴㄷ과 변 ㅂㅁ, 변 ㄷㄹ과 변 ㅁㄹ은 서로 대응변이야. 그리고 각 ㄱㄴㄷ과 각 ㅅㅂㅁ은 대응각이지. 선대칭도형에서 각각의 대응변과 대응각을 비교하면 그 길이와 크기가 같음을 알 수 있어. 대응점끼리 잇는 선분은 대칭축과 수직으로 만나고 대응점은 대칭축을 중심으로 같은 거리에 있음을 알 수 있지."

허수아비는 선대칭도형을 그리고 그 위에 자신의 얼굴을 그렸다.

"폴리곤 농부들은 내 얼굴에 두 개의 눈과 하나의 코 그리고 입을 각각 선대칭을 이용하여 그렸어. 이렇게 말이야."

도로시는 허수아비가 그린 그림을 유심히 살펴보더니 말했다.

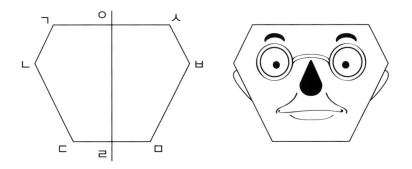

"코와 입이 선대칭도형인 것은 알겠는데, 눈과 귀도 선대칭도형이라고 할 수 있는 거니?"

"이런, 내가 그 이야기를 하지 않았구나. 한 개의 도형이 대칭축으로 접어 겹쳐질 때 이 도형을 선대칭도형이라고 한다면, 두 개의 도형을 어떤 직선으로 접었을 때 두 도형이 완전히 포개어진다면 두 도형을 '선대칭의 위치에 있다'라고 하고, 그 두 도형을 '선대칭의 위치에 있는 도형'이라고 하지. 그리고 그 직선을 대칭축이라고 해. 선대칭도형은 대칭축이 여러 개일 수 있지만, 선대칭의 위치에 있는 도형의 대칭축은 1개뿐이야."

"그럼 너의 눈과 귀는 선대칭도형이 아니라 선대칭의 위치에 있는 도형이로구나."

"그렇지. 그러니 정확하게 말하면 폴리곤 농부들은 내 얼굴과 몸을 선대칭도형과 선대칭의 위치에 있는 도형으로 만들었지."

바로 그때, 예쁜 나비가 이들의 앞을 날아갔다. 이것을 보고 허수아

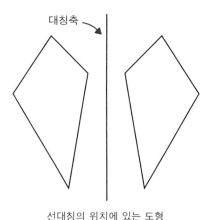

선대칭의 위치에 있는 도형

비가 말했다.

"선대칭도형과 선대칭의 위치에 있는 도형은 수학에만 있는 것은 아니야. 저 나비도 선대칭으로 아름다움을 뽐내고 있지."

"그렇구나. 그리고 보니 허수아비, 너뿐만 아니라 나와 토토의 모습에서도 선대칭을 찾을 수 있어."

"그래. 어쨌든 폴리곤 농부들은 선대칭도형을 이용하여 나를 만들고 이렇게 말했지.

'이 녀석이 까마귀를 쫓아 줄 거야. 사람하고 똑같이 생겼잖아.'

'무슨 소리야, 이 녀석은 사람이라고.'

나는 속으로 그들의 말이 옳다고 생각했지. 농부는 나를 번쩍 안아 올리더니 옥수수밭으로 데리고 갔어. 그리고 아까 거기 그 높은 장대 끝에 세워 놓은 거야. 까마귀들은 나를 사람으로 알고 처음에는 모두 도망갔지. 그러나 시간이 지나도 내가 장대에서 꼼짝하지 못하자 내가 자신들에게 아무런 해도 입힐 수 없다는 것을 알고는 다시 몰려와 옥수수를 쪼아 먹기 시작했어. 그때 늙은 까마귀 한 마리가 내 어깨에 앉더니 나에게 말했어.

'만약 네 머릿속에 생각할 수 있는 뇌만 있다면 너도 폴리곤 농부들처럼 훌륭한 폴리곤이 될 수 있을 텐데……'

그래서 나는 위대한 마법사 오즈에게 생각할 수 있는 뇌를 달라고 할 거야."

도로시는 허수아비의 말을 듣고 자리를 털고 일어났다.

"그래. 그럼 다시 에메랄드 시로 출발하자."

어느덧 길 양편의 담장과 옥수수밭이 끝나고 숲으로 둘러싸인 길에 접어들었다. 숲속에는 엄청나게 커다란 나무들이 빽빽하게 들어차 있었다. 한참을 걷자 숲에도 어둠이 내리기 시작했다. 그때 그들 앞에 작은 오두막집이 나타났다.

"저기 통나무와 나뭇가지로 만든 집이 있네. 오늘은 날도 저물었으니까 저 집에서 쉬어가야겠는걸."

허수아비는 빽빽한 나무 사이를 뚫고 도로시를 작은 오두막집까지 안내했다. 도로시가 오두막집의 문을 두드리자 문이 살며시 열렸다. 집 안으로 들어가자 한쪽 구석에 마른 나뭇잎으로 만든 침대가 있었다. 도로시는 곧장 침대 위로 쓰러졌고, 토토를 품에 안은 채 순식간에 깊은 잠에 빠져들었다. 하지만 지칠 줄 모르는 허수아비는 한쪽 구석에 서서 아침이 밝아오기를 조용히 기다렸다.

도로시는 허수아비와 노란 벽돌 길을 걸어가고 있었다. 그런데 길바닥에

다음과 기호들이 보였다. 이 기호들은 어떤 논리적인 순서를 가지고 있는

것 같았다. 다섯 번째에 올 기호는 어떤 모양일까?

답

각 그림들은 숫자 1, 2, 3, 4를 기호로 바꿨을 때 나타나는 모양이다.
따라서 다섯 번째 기호는 숫자 5를 거울에 비춘 것 같은 모양일 것이다.

5

양철나무꾼과 나이테 맞추기

눈부신 햇살이 오두막집의 작은 창을 넘어 도로시를 깨웠다. 벌써 오래전에 일어난 토토는 이미 밖에 나가 새들과 다람쥐들의 뒤를 쫓느라고 정신이 없었다. 그때까지도 허수아비는 도로시가 일어나기를 기다리며 한쪽 구석에 조용히 서 있었다. 도로시와 허수아비는 오두막집을 나와 숲으로 걸어갔다. 그리고 맑은 물이 솟아나는 옹달샘을 발견했다. 도로시는 옹달샘 물로 세수를 하고 바구니에 있는 빵으로 토토와 간단히 아침 식사를 했다. 이제 바구니에 빵이 몇 개 남지 않았다. 도로시는 허수아비가 아무것도 먹지 않아도 된다는 것이 다행이라고 생각했다.

아침 식사를 끝낸 도로시와 허수아비는 노란 벽돌 길을 따라 다시 길을 떠날 채비를 했다. 바로 그때 어디선가 깊은 한숨 소리가 들려왔다.

"이게 무슨 소리지?"

도로시가 무서워하며 허수아비에게 물었다. 허수아비가 답했다.

"난 상상 같은 것은 할 수 없어. 그러니 소리가 나는 곳으로 가 보자."

또다시 커다란 한숨 소리가 들려왔다. 그들은 소리가 나는 숲속으로 몇 걸음 걸어 들어갔다. 도로시는 나무들 사이에서 햇살을 받아 눈부시게 반짝이는 무언가를 발견했다. 그 순간 도로시는 깜짝 놀라서 걸음을 멈췄다. 그들 앞에는 양철로 만들어진 사람이 허리를 굽혀서 잘린 나무의 나이테를 보고 있었고, 옆에는 도끼가 놓여 있었다. 하지만 꼼짝도 할 수 없는 바위처럼 조금도 움직이지 않고 그대로 허리를 숙이고 있었다.

도로시와 허수아비는 호기심 어린 눈으로 멍하니 그를 바라보았다. 양철로 만들어진 사람의 머리는 삼각뿔이었고, 얼굴은 원기둥이었다. 목은 얼굴보다 작은 원기둥이었고 몸통은 얼굴보다 훨씬 큰 원기둥이었다. 물론 팔과 다리도 원기둥이었다. 원기둥들은 나사로 연결되어 있었다. 토토는 사납게 짖어 대며 작은 입으로 양철 다리를 덥석 물었지만 이빨만 아플 뿐이었다. 정신을 차린 도로시가 물었다.

"당신이 한숨을 쉬었나요?"

양철로 만들어진 사람이 대답했다.

"그래요. 제가 한숨을 쉬었지요. 저는 일 년도 넘게 이곳에서 한숨만 쉬고 있었어요. 하지만 아무도 그 소리를 듣고 저를 도와주러 오지 않았어요."

"그랬군요. 그럼 제가 어떻게 도와줄까요?"

도로시가 묻자 양철로 만들어진 사람이 말했다.

"기름통을 가져다가 제 연결 나사에 기름을 쳐 주세요. 그 부분이 너무 심하게 녹슬어서 저는 꼼짝도 할 수 없어요. 기름만 잘 치면 저는 곧 괜찮아질 거예요. 제 오두막집 선반 위에 기름통이 있어요."

도로시는 오두막집으로 달려가서 기름통을 찾아 돌아왔다.

"먼저 어느 부위의 연결 나사에 기름을 쳐야 하나요?"

"제 목에다 기름을 쳐 주세요."

도로시가 목에 기름을 쳤다. 그러나 너무 심하게 녹슬었기 때문에 목이 잘 움직이지 않았다. 허수아비가 양철 머리를 붙잡고 이쪽저쪽으로 조심스럽게 몇 번 돌려 준 뒤에야 양철로 만들어진 사람은 목을 움직일 수 있었다.

"이제 제 팔의 연결 나사에 기름을 쳐 주세요."

도로시가 그곳에 기름을 치고 허수아비가 다시 팔을 잡고 몇 번 구부렸다 폈다를 반복하자 양철로 만들어진 사람은 만족스러운 듯 크게 숨을 내쉬었다.

"이번에는 저의 허리에 있는 연결 나사에 기름을 쳐 주세요."

이번에도 도로시가 기름을 치고 허수아비가 허리를 몇 번 굽혔다 폈다 해 준 후에야 양철로 만들어진 사람은 움직일 수 있었다. 도로시는 다리를 비롯하여 여기저기 연결 나사에 기름을 쳐 주었고 그때마다 허수아비는 양철로 만들어진 사람의 연결 부위를 굽혔다 폈다 해 주었다. 덕분에 양철로 만들어진 사람은 움직일 수 있었다. 그리고 두 사람에게 거듭 고맙다고 인사했다. 그러자 도로시가 말했다.

"저는 도로시이고 이쪽은 허수아비입니다. 그리고 저 강아지는 토토예요. 당신은 누구신가요?"

도로시가 묻자 그가 대답했다.

"그렇군요. 모두들 안녕하세요? 저는 이 숲에서 살고 있는 양철나무꾼입니다. 당신들이 오지 않았다면 저는 언제까지나 여기서 허리를 구부리고 있었을 겁니다. 그러니 당신들이 제 생명을 구해 준 거지요."

"왜 허리를 구부린 채로 있었던 거예요?"

도로시가 묻자 양철나무꾼이 말했다.

"여기 있는 이 도끼로 저 나무를 쓰러뜨린 후에 나무의 나이테를 보며 나이를 세고 있었지요. 그런데 갑자기 소나기가 내리는 바람에 연결 나사에 물이 들어가 녹이 슬면서 몸을 움직일 수 없게 됐답니다."

"그런데 왜 나이테를 보고 있었나요?"

"저는 수학을 좋아한답니다. 그래서 숲에서 나무를 하다가 힘들면 잠시 쉬는 동안 수학과 관련된 것들을 찾아보는 것이 취미입니다. 사실 제가 일하고 있는 이 숲속에는 수학이 많이 숨어 있답니다. 그중 나이테에서도 수학을 찾을 수 있지요."

"나이테에서 수학을 찾을 수 있다고요?"

"그렇답니다. 나무의 나이는 나이테로 알 수 있지요. 어떤 나무든지 나무의 줄기나 뿌리를 자르면 나이테를 볼 수 있어요. 나이테가 생기는 이유는 나무가 여름과 겨울을 거치면서 여름에는 많이 자라고 겨울에는 거의 자라지 않기 때문입니다. 다시 말해서 나무가 봄부터 여름까지 왕성하게 성장할 때는 세포가 크고 세포의 벽은 얇아져 부드럽고

색도 연해지죠. 하지만 가을부터 겨울 동안에는 세포가 작고 세포의 벽이 두꺼워져 단단하고 진한 색이 생기는데, 이러한 계절 변화가 계속되면서 나이테가 생기는 거지요."

양철나무꾼이 나이테에 대하여 설명하자 허수아비가 파란 눈을 깜빡거리더니 말했다.

"그렇다면 같은 기후 조건에서 같은 종류의 나무는 같은 크기만큼 자라겠군요. 그래서 나이테의 폭도 같다는 것을 쉽게 알 수 있고요."

"맞습니다. 이리 와 보시겠어요?"

양철나무꾼은 도로시와 허수아비를 데리고 잘린 나무가 있는 곳으로 갔다. 거기에는 굵고 가는 나무 밑동이 각각 하나씩 있었다.

"보다시피 똑같은 종류의 나무인데 줄기가 하나는 굵고 다른 하나는 가늘죠. 과연 어떤 것이 얼마만큼 먼저 베어진 것일까요?"

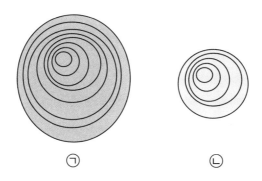

㉠   ㉡

양철나무꾼이 가리킨 두 나무 밑동을 유심히 살펴보던 허수아비가 말했다.

"㉠과 ㉡은 같은 종류의 나무이므로 같은 정도로 자랐을 것입니다.

나이테가 ㉠은 8개, ㉡은 5개입니다. 그리고 ㉠의 가운데 있는 5개의 나이테는 ㉡ 나이테의 모양과 너비가 똑같아요. 그러니 양철나무꾼은 5년 된 나무인 ㉡을 먼저 베고, 3년 뒤에 그 옆에 있는 ㉠을 베었군요."

"정확하게 맞히셨습니다. 허수아비는 대단한 수학자군요."

양철나무꾼은 허수아비가 두 나무 밑동의 나이테를 비교할 줄 알고 있으므로 수학자라고 생각했다. 두 가지 이상의 양이나 물체를 여러 가지 방법으로 비교하는 것은 가장 기본적인 수학적 사고지만 비교하는 것들의 공통점과 차이점을 알아내기는 쉽지 않기 때문이었다.

양철나무꾼은 왼쪽과 오른쪽 가슴에 조그만 나사 손잡이가 달린 네모난 작은 문을 가지고 있었다. 이 문들은 손 하나가 들어갈 정도로 작았다. 양철나무꾼이 오른쪽 작은 문의 나사 손잡이를 돌려 열더니 그속에 손을 넣어 무엇인가를 꺼냈다.

"오즈의 나라는 참으로 이상해요. 허수아비는 마술처럼 모자 속에서 여러 가지를 꺼내더니 양철나무꾼은 가슴에 달린 작은 문에서 꺼내는 군요."

도로시가 말하자 양철나무꾼이 웃으며 말했다.

"원래 왼쪽에는 심장이 있어야 하는 곳인데 저에겐 심장이 없어요. 그리고 오른쪽에는 이것저것 넣어 둘 수 있는 보관함이 있어요. 보시다시피 저에겐 주머니가 없거든요."

양철나무꾼이 오른쪽 가슴에서 꺼낸 것은 나이테가 있는 나뭇조각이었다.

"이것은 제가 2016년에 벤 나무의 조각입니다. 이 나뭇조각의 나이테를 세어 보면 이 나무가 37년을 살았다는 것을 알 수 있지요. 그래서 거꾸로 거슬러 올라가면 1980년부터 자라기 시작한 나무라는 것을 알 수 있지요."

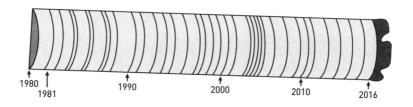

양철나무꾼은 오른쪽 가슴의 작은 문을 열고 또 다른 나뭇조각을 꺼냈다.

"이것은 아까 것과 같은 종류인 나뭇조각입니다. 그럼 이 나무는 몇 년부터 자라기 시작해서 몇 년에 죽었을까요?"

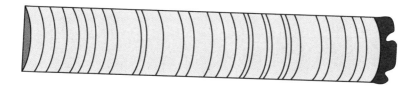

도로시는 두 개의 서로 다른 나뭇조각을 이리저리 살펴보았지만 양철나무꾼의 문제를 해결할 수 없었다. 도로시는 나뭇조각을 살펴보다가 허수아비에게 건넸다.

"나는 모르겠는걸. 허수아비, 너는 알겠어?"

도로시에게 나뭇조각을 건네받은 허수아비도 이리저리 살펴보았다. 그러더니 양철나무꾼이 처음 준 나뭇조각과 이리저리 맞춰보기 시작했다.

"이 나무의 나이를 알기 위해서 처음 나무의 나이테와 비교하면 이렇게 되네요."

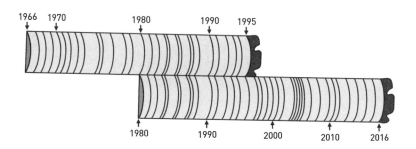

허수아비는 두 나뭇조각의 나이테의 두께가 같은 부분을 일치시켜 도로시와 양철나무꾼에게 보여 주었다.

"이 나무는 1966년부터 자라기 시작해서 1995년까지 29년을 산 나무네요."

"허수아비님의 생각하는 힘은 대단하군요. 허수아비님은 생각하는 힘이 뛰어난 걸 보니 정말 수학을 잘하시나 봐요."

"무슨 소리. 저는 뇌가 없어서 생각할 수 없어요. 그래서 오즈의 마법사에게 뇌를 달라고 부탁하려고 도로시와 함께 에메랄드 시로 가고 있었어요."

"저는 캔자스로 돌아가게 해 달라고 부탁할 거예요."

양철나무꾼은 잠시 동안 곰곰이 생각하더니 이렇게 말했다.

"여러분도 알다시피 제겐 심장이 없어요. 오즈의 마법사가 저를 위해 심장을 만들어 줄까요?"

"글쎄요? 정중히 부탁하면 만들어 줄 수 있을 거라고 생각해요. 허수아비에게 뇌를 만들어 줄 수 있다면 당신에게도 심장을 만들어 줄 수 있겠죠."

양철나무꾼이 말했다.

"만약 당신들이 저를 끼워 준다면 저도 에메랄드 시에 가서 오즈에게 심장을 만들어 달라고 부탁해 보겠어요."

"그럼 함께 갑시다."

허수아비는 양철나무꾼의 제안을 선뜻 받아들였고, 도로시도 함께 갈 수 있다면 무척 좋을 거라고 말했다. 양철나무꾼은 도끼를 어깨에 메고 길을 떠났다. 그들은 에메랄드 시로 이어진 노란 벽돌 길을 즐겁게 걸으며 서로 친구가 되기로 했다. 그리고 양철나무꾼과 함께 떠나게 된 것이 커다란 행운이었음을 곧 알게 됐다. 왜냐하면 함께 길을 떠난 지 얼마 되지 않아서 숲이 너무나 우거져서 도저히 지나갈 수

없는 곳이 나타났기 때문이다.

"원래 이 숲은 '합동의 숲'이라고 불러. 자세히 보면 여러 가지 도형 중에서 합동인 것들이 있는데, 도형 하나를 도끼로 찍으면 그 도형과 합동인 나머지 도형들이 모두 쓰러지게 돼. 그럼 우리가 원하는 노란 길이 나오지. 하지만 아무 도형이나 찍으면 엉뚱한 길이 생겨서 에메랄드로 가는 길이 아닌 다른 길이 나타나기 때문에 합동의 성질을 잘 알아야 해."

양철나무꾼의 말에 도로시와 허수아비는 숲을 찬찬히 살펴보았다. 신기하게도 이 숲의 나무는 여러 가지 색깔의 다각형 모양이었다. 나무 기둥은 둥근 원통 모양이었지만 기둥 위에 퍼져 있는 나뭇가지들의 전체적인 모양은 다각형 모양이었다. 그래서 기둥 위의 모양이 삼각형, 사각형, 오각형 등이었다. 하지만 같은 삼각형 나무라고 하더라도 모두 같은 모양은 아니었다. 도로시는 양철나무꾼에게 물었다.

"정말 신기한 숲이네. 그럼 우선 합동이 무엇인지 알아야 하지 않을까?"

도로시의 질문에 양철나무꾼은 오른쪽 가슴에 있는 작은 문 안에서 색이 다른 두 장의 색종이와 가위를 꺼냈다.

"색종이 한 장에 모자를 그리고 다른 색종이 한 장을 겹쳐서 고정시킨 후 모자 모양대로 오려 볼까? 이것 봐. 오려서 나온 모자 2장은 서로 모양과 크기가 모두 같아. 이처럼 모양과 크기가 모두 같아서 완전히 포개어지는 도형을 합동이라고 해."

양철나무꾼은 오려 낸 모자 모양의 색종이를 이리저리 움직이며 말했다.

"합동인 도형을 찾으려면 먼저 모양이 같은 도형을 찾아야 해. 그다음에 크기도 같은지 확인해 봐야지. 이때 주의해야 할 점이 있어. 도형을 이리저리 살펴봐야 해. 합동인 도형이 왼쪽이나 오른쪽으로 돌리기를 했거나 뒤집기를 했을 수도 있거든. 돌려져 있거나 뒤집혀 있어도 모양과 크기가 같으면 모두 합동이야."

"모양과 크기가 같아도 색이 다르면 어떻게 하지?"

도로시의 질문에 양철나무꾼이 아까 잘라 놓은 모자 모양의 도형을 보이며 말했다.

"이건 아까 다른 색 색종이를 겹쳐 자른 모자 모양이야. 만들어진 두 모자는 완전히 겹쳐지겠지? 색이 다르다고 해서 합동이 아닌 건 아니야. 단지 모양과 크기만 같으면 합동이야. 색은 합동의 조건과는 관계없어."

양철나무꾼은 도로시와 허수아비가 합동을 이해했는지 확인하려는 표정으로 쳐다보았다. 허수아비는 말없이 고개를 끄덕였지만 도로시는 아직 이해하지 못했다는 표정을 지었다. 그러자 양철나무꾼이 합동에 관하여 더 설명했다. 양철나무꾼은 노란 벽돌 길에 합동인 삼각형을 그려서 도로시가 이해할 수 있도록 도왔다.

"두 도형이 합동일 때, 이 두 도형을 완전히 포개면 꼭짓점, 변, 각이 각각 겹쳐져. 이때 겹쳐지는 꼭짓점을 대응점, 겹쳐지는 변을 대응변, 겹쳐지는 각을 대응각이라고 해. 합동인 삼각형 2개를 겹쳐 보면 대응점, 대응변, 대응각이 각각 3개씩 생겨. 사각형인 경우에 합동인 두 도형을 겹치면 대응점, 대응각, 대응변이 각각 4개씩 생기지. 물론 오각형은 이것들이 각각 5개씩 생기겠지. 이때 겹쳐지는 대응점의 위치는 서로 같고, 대응변의 길이와 대응각의 크기는 각각 서로 같아."

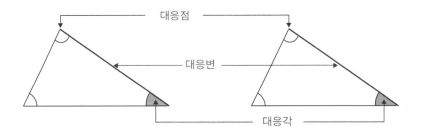

그러자 지금까지 잠자코 있던 허수아비가 말했다.

"그렇다면 양철나무꾼이 처음에 우리에게 나이테를 이용하여 나무의 나이를 알아내는 방법을 알려 준 것도 사실은 합동의 성질을 이용한 것이로구나."

"맞아. 모양과 크기가 같으면 합동이므로 그것을 이용하면 한 나이테로 같은 종류의 서로 다른 나무의 나이를 알 수 있지. 그나저나 허수아비는 생각하는 힘이 정말 대단한걸."

양철나무꾼의 칭찬에 허수아비는 어깨를 으쓱했다. 양철나무꾼은 도형의 합동에 대한 설명을 마치고 도끼를 집어 들었다. 양철나무꾼은 숲을 이리저리 살펴가며 노란 벽돌 길에 늘어서 있는 나무와 합동인 나무를 베어 내기 시작했다. 그러자 순식간에 합동인 나머지 나무들이 모두 넘어졌다. 양철나무꾼은 계속해서 에메랄드 시로 가는 노란 길이 나타나도록 합동인 나무들을 베었다. 양철나무꾼의 노력으로 그들이 모두 지나갈 수 있을 만큼 넓은 길이 생겼다.

겁쟁이 사자와 에메랄드 시로 가는 경우의 수

양철나무꾼의 도움으로 도로시 일행은 울창한 숲 속을 쉬지 않고 걸어갔다. 양철나무꾼이 도끼질로 나무를 베어 내자 합동인 나무들은 계속해서 넘어졌다. 하지만 쓰러진 나무와 마른 나뭇가지, 잎사귀들이 수북이 쌓여 있었기 때문에 노란 길을 따라 걷는 것은 쉬운 일이 아니었다.

"이 숲을 빠져나가려면 얼마나 더 가야 하지?"

도로시가 양철나무꾼에게 물었다.

"글쎄? 나도 잘 모르겠어. 나도 에메랄드 시에 가 본 적이 없어서 말이야. 하지만 내가 아주 어렸을 때 우리 아버지가 한 번 다녀오신 적이 있었는데, 아주 오랫동안 위험한 여행을 해야만 한다고 말씀하셨어. 그리고 에메랄드 시에 가까워질수록 주위 경관이 점점 아름다워진다고 하셨지. 나는 양철로 되어 있기 때문에 기름통만 있으면 아무런 걱정이 없어. 이 세상 무엇도 나를 해칠 수 없지. 허수아비는 지푸라기로 만들어져서 다쳐도 곧바로 치료할 수 있지. 그래서 허수아비가 아무리 상처를 입어도 걱정하지 않아도 돼. 도로시도 안심해도 괜찮아. 왜냐하면 북쪽의 착한 마녀가 너의 이마에 입맞춤을 했기 때문이지."

"그럼 토토는? 토토가 위험에 빠지면 어떡하지?"

"걱정하지 마. 토토는 우리가 구해 주면 돼."

양철나무꾼의 말이 떨어지자마자 숲속에서 무시무시한 울음소리가 들려왔다. 그리고 순식간에 커다란 사자 한 마리가 도로시 일행 앞에 나타났다. 도로시와 토토는 사자를 보고 너무 놀라 그만 그 자리에 털썩 주저앉았다. 그러자 허수아비와 양철나무꾼이 사자를 가로막았다. 하지만 사자가 앞발을 휘두르자 허수아비는 길옆으로 힘없이 나동그라졌다. 사자는 양철나무꾼에게도 달려들어 날카로운 발톱으로 공격했다. 하지만 양철나무꾼은 길 위에 쓰러졌을 뿐 조금도 상처를 입지 않았다. 그것을 본 사자는 깜짝 놀랐다.

그러나 사자는 물러서지 않았다. 몸집이 작은 토토는 사자를 보더니 용감하게 맹렬히 짖어 대기 시작했다. 그러자 사자는 토토를 집어삼키려고 사나운 입을 딱 벌린 채 덤벼들었다. 토토가 위험에 빠진 것을 본 도로시는 모든 두려움을 잊고 사자에게 달려들었다. 도로시는 사자를 막으며 사자의 콧등을 있는 힘을 다해 내리쳤다.

"토토를 잡아먹지 마! 너 같이 큰 짐승이 이렇게 작은 강아지를 잡아먹으려고 하다니! 부끄러운 줄 알라고."

도로시가 소리치자 사자가 콧등을 살살 문지르며 말했다.

"아이코, 아파. 하지만 난 아직 저 작은 강아지를 물지도 않았는걸."

"물론 그렇지. 하지만 넌 토토를 물려고 했잖아."

그러자 사자는 멋쩍은 듯이 고개를 푹 떨어뜨렸다.

"그렇지 않아. 그냥 겁만 주려고 했던 거야. 사실 난 너희를 보고 겁이 났어. 난 옛날부터 겁쟁이였거든. 어떻게 해야 용감해질 수 있지?"

"그걸 내가 어떻게 알겠어? 고작 지푸라기로 만든 허수아비를 쓰러뜨린 주제에."

도로시는 화가 난 얼굴로 사자에게 쏘아붙였다.

"지푸라기로 만들었다고?"

사자는 깜짝 놀라며 말했다. 그리고 쓰러진 허수아비를 일으켜 세우는 도로시를 멍하니 지켜보았다. 도로시는 손으로 허수아비를 탁탁 쳐서 본래 모습을 되찾아 주었다. 그러자 허수아비는 전처럼 움직일 수 있게 되었다.

"그래서 그렇게 쉽게 쓰러졌던 거구나. 난 네가 허공으로 나동그라지는 것을 보고 깜짝 놀랐어. 그럼 저 사람도 지푸라기로 만들었니?"

"아니야. 저 사람은 양철로 만들어졌어."

도로시는 양철나무꾼을 일으켜 세워 주었다.

"그래서 내 발톱이 부러질 뻔했구나. 발톱이 긁히는 순간 내 등줄기가 다 서늘해지더라니까. 정말 놀랐어."

"그러고 보니 넌 정말 겁쟁이구나!"

도로시가 말했다.

"맞아. 난 이 세상에서 제일가는 겁쟁이라고."

사자가 대답하자 몸을 추스르고 난 허수아비는 사자에게 말했다.

"넌 동물의 왕인데 동물의 왕이 겁쟁이라니 말도 안 돼."

"그건 나도 알아. 그래서 난 너무 슬퍼. 조금이라도 위험이 닥쳐오면 나는 너무 무서워서 심장이 벌벌 떨리는걸. 그렇기 때문에 난 무슨 일이든 일어날 수 있는 모든 경우의 수를 따져서 조금이라도 더 안전한 방법을 선택해."

사자의 넋두리를 듣던 도로시가 말했다.

"경우의 수?"

"경우의 수는 어떤 일이 일어날 수 있는 모든 가짓수를 말해."

사자가 간단히 설명했지만 도로시는 이해할 수 없었다. 그러자 사자가 덧붙였다.

"가위바위보의 경우를 생각해 볼까? 한 사람이 낼 수 있는 가짓수는 얼마지?"

"그야 가위 아니면 바위 아니면 보니까, 3가지지."

사자의 질문에 도로시가 대답했다.

"그렇지. 그래서 한 사람이 낼 수 있는 경우의 수는 3이야."

사자는 도로시에게 다시 질문했다.

"그럼 이번에는 허수아비와 양철나무꾼, 두 사람이 가위바위보를 한다고 생각해 보자. 두 사람이 낼 수 있는 가짓수는 모두 얼마지?"

"허수아비가 가위를 낼 때 양철나무꾼은 가위, 바위, 보의 3가지를 낼 수 있지. 또 허수아비가 바위를 낼 때도 양철나무꾼은 가위, 바위, 보의 3가지를 낼 수 있고. 허수아비가 보를 낼 때도 양철나무꾼은 가위, 바위, 보의 3가지를 낼 수 있어. 그럼 모두 9가지야."

"맞아. 그런데 가위바위보는 두 사람이 동시에 내는 것이므로 짝을 지어 구하면 경우의 수를 쉽게 구할 수 있어. (허수아비가 낼 수 있는 것, 양철나무꾼이 낼 수 있는 것)으로 짝을 지으면 (가위, 가위), (가위, 바위), (가위, 보), (바위, 가위), (바위, 바위), (바위, 보), (보, 가위), (보, 바위), (보, 보)와 같이 모두 9가지임을 알 수 있지. 이렇게 어떤 일이 생길 수 있는 모든 가짓수를 경우의 수라고 해."

사자가 짝을 지어 설명하자 도로시는 헷갈린다는 표정을 지었다.

"너무 복잡한걸. 조금 더 쉬운 방법은 없니?"

도로시의 말에 사자가 갑자기 오른쪽 앞발을 번쩍 들더니 길고 날카로운 발톱을 드러냈다. 도로시는 사자가 발톱을 드러내자 깜짝 놀랐다. 하지만 사자는 그 발톱으로 땅바닥에 그림을 그리기 시작했다.

"이렇게 표를 그리면 빠뜨리지 않고 경우의 수를 구할 수 있어서

허수아비가 낼 수 있는 것	양철나무꾼이 낼 수 있는 것
가위	가위
	바위
	보
바위	가위
	바위
	보
보	가위
	바위
	보

좋아."

사자는 도로시의 이해를 돕기 위해 표 옆에 그림을 그렸다.

"표가 어려우면 그림을 그려서 구해도 돼."

| 허수아비가 낼 수 있는 것 | | 양철나무꾼이 낼 수 있는 것 |

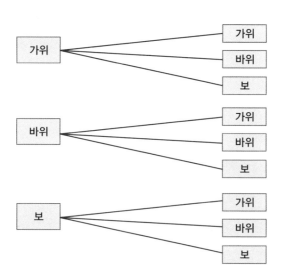

"아하, 그렇구나. 내겐 그림이 더 쉬운걸. 이제야 경우의 수가 무엇인지 조금 알 것 같아."

"그렇구나. 이런 그림을 나뭇가지 그림이라고 해. 나뭇가지 그림은 어떤 사건이 일어나는 모든 경우를 나뭇가지가 나뉘어지는 것처럼 그림으로 나타낸 거야. 그래서 특히 순서가 있는 경우의 수를 구할 때 사용하면 편리해."

도로시가 경우의 수를 이해했다고 하자 허수아비가 나섰다.

"0, 1, 2, 3 네 장의 숫자 카드를 한 번씩만 사용하여 세 자리 수를 만드는 경우의 수는 얼마인지 구할 수 있겠니?"

"사자가 말한 것처럼 나뭇가지 그림을 그리면 되겠네."

도로시는 사자가 알려 준 대로 나뭇가지 그림을 그려 가며 허수아비의 문제를 풀었다.

"먼저 백의 자리에는 0이 올 수 없어. 그래서 백의 자리에는 1, 2, 3 세 가지 카드만 사용할 수 있지. 나뭇가지 그림을 그리면 이렇게 돼."

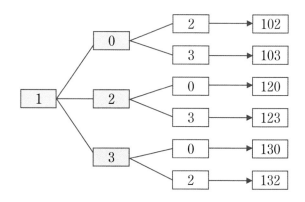

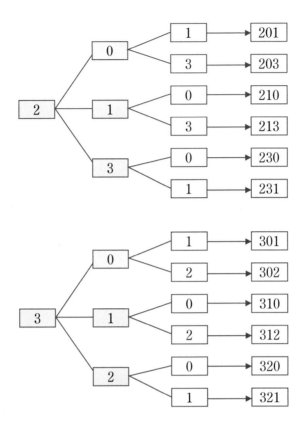

"모두 18가지야."

도로시가 문제의 답을 구하자 사자가 말했다.

"경우의 수를 이용하는 재미있는 문제가 또 있어. 도로시가 한번 풀
어 볼래?"

사자가 큰 머리를 흔들자 사자의 갈기가 물결처럼 흔들리더니 작은
통 3개가 톡톡톡 떨어졌다. 첫 번째 통의 겉면에는 흰 돌, 두 번째 통에
는 검은 돌, 세 번째 통에는 섞인 것이라고 쓰여 있었다.

"바둑돌이 든 통이 3개 있는데 차례로 1, 2, 3번 통이라고 하자. 그

런데 각 통에 적혀 있는 말은 모두 거짓말이야. 이 중 어느 두 통을 골라 각각 바둑돌 2개만을 꺼내어 보고 각 통에 어떤 색의 바둑돌이 들어 있는지 정확히 알 수 있을까? 물론 경우의 수를 이용하면 답을 얻을 수 있지.”

사자가 낸 문제를 곰곰이 생각하던 도로시가 말했다.

“알 것 같아. 먼저 2번 통에서 바둑돌을 한 개 꺼냈더니 흰색이 나왔다고 해 보자. 그러면 이 통의 바둑돌은 흰색이거나 섞인 거야. 따라서 2번 통의 바둑돌의 색은 두 가지 경우겠지. 즉, 첫 번째로 2번 통이 흰색이면 1번 통은 섞인 것, 3번 통은 검은색. 두 번째로 2번 통이 섞인 것이면 1번 통은 검은색, 3번 통은 흰색. 따라서 마지막 3번 통에서 바둑돌 하나만 꺼내 보면 되겠네. 3번 통이 섞인 것이라고 써져 있으니까 3번 통은 한 가지 색이야. 만약 3번 통에서 검은 돌이 나오면 첫 번째 경우이고, 흰 돌이 나오면 두 번째 경우가 되지. 따라서 정확히 두 번 꺼내면 바둑돌의 색을 알 수 있어.”

“정확하게 맞혔어. 대단하구나.”

도로시의 설명을 듣고 난 사자가 말했다.

“그런데 너희는 어디로 가는 길이지?”

“우린 에메랄드 시로 가고 있어. 나는 그곳에 살고 있는 오즈의 마법사에게 캔자스로 돌아갈 수 있게 해 달라고 부탁하려고 해.”

“난 오즈의 마법사에게 뇌를 달라고 부탁할 거야.”

“난 따뜻한 심장을 달라고 부탁할 거야.”

그러자 사자가 말했다.

"오즈의 마법사가 내게 용기를 줄 수 있을까?"

사자가 묻자 허수아비가 대답했다.

"생각해 보라고. 우리의 소원을 들어줄 수 있다면 네게도 용기를 줄 수 있을 거야."

"혹시 너희가 괜찮다면 나도 너희와 함께 가고 싶어. 더 이상 겁쟁이로 살기는 싫어."

"물론 우리는 환영이야. 왜냐하면 네 모습을 보면 다른 무서운 동물들이 가까이 오지 못할 테니까."

"고마워."

이제 도로시, 토토, 허수아비, 양철나무꾼 그리고 사자까지 모두 함께 에메랄드 시로 가게 됐다.

도로시 일행은 노란 벽돌 길을 따라가다가 다음 그림과 같이 동, 서, 남, 북 팻말이 잘못 끼워진 방위표시를 발견했다. 각각의 팻말은 그림에 표시된 길을 따라서만 옮길 수 있는 구조였다. 도로시 일행은 연결된 길을 따라 팻말을 빈자리로 적당히 옮겨서 방위표시를 올바르게 만들기로 했다. 팻말을 적어도 몇 번 움직여야 할까?

7

계곡 건너기와 삼각형의 합동

　　도로시 일행은 숲을 벗어나지 못하고 커다란 나무 밑에서 밤을 보내야 했다. 잎이 무성한 나무는 밤이슬을 막아 주었다. 또 양철나무꾼이 땔감을 잔뜩 준비해서 도로시는 커다란 모닥불을 피울 수 있었다. 그리고 허수아비는 밤이나 맛있는 과일 같은 나무 열매를 찾아내어 도로시의 바구니에 가득 담아 주었기 때문에 저녁 식사도 맛있게 마쳤다. 하지만 허수아비는 모닥불 가까이에 오지 않으려고 했다. 왜냐하면 허수아비가 이 세상에서 가장 무서워하는 것이 불이기 때문이었다.

　아침이 되자 일행은 서둘러 다시 노란 벽돌 길을 따라 에메랄드 시로 향하기 시작했다. 그런데 한 시간도 지나지 않아서 길이 끊기고 넓은 계곡이 앞을 가로막았다. 끊어진 노란 길은 건너편 숲속으로 다시 이어지고 있었다. 도로시 일행은 계곡 가장자리까지 다가서서 아래를 내려다보았지만 계곡은 너무나 넓고 깊었다. 게다가 계곡의 바닥에는 커다랗고 뾰족뾰족한 바위들이 사방에 깔려 있었다. 기어 내려가려고 해도 너무 가팔라서 아무도 엄두를 내지 못했다.

"어떻게 하면 좋아?"

도로시가 발을 동동 구르며 말했다.

"나도 어떻게 해야 할지 모르겠어."

양철나무꾼이 말했다. 사자는 털이 수북한 머리를 흔들면서 곰곰이 생각에 잠겼다. 그때 허수아비가 말했다.

"우리는 날개가 없기 때문에 날아서 이 계곡을 건널 수 없어. 그렇다고 저 깊은 계곡을 기어 내려갈 수도 없어. 결국 이 계곡을 뛰어넘지 못하면 여기서 우리의 여행을 멈춰야만 해."

허수아비의 말에 사자가 대답했다.

"저 계곡의 폭은 얼마나 될까? 만약 내가 뛰어넘을 수 있는 거리라면 너희를 내 등에 태우고 뛰어넘으면 될 텐데."

그러자 양철나무꾼이 말했다.

"계곡의 폭은 삼각형의 합동을 이용하면 구할 수 있어."

"삼각형의 합동이라고? 합동은 지난번에 양철나무꾼이 설명해 주었는데. 모양과 크기가 같아서 완전히 포개어지는 두 도형을 서로 합동이라고 한다고 했어."

도로시가 말하자 양철나무꾼이 덧붙였다.

"그랬었지. 그런데 삼각형의 합동에는 흥미로운 성질이 있거든. 그 성질에 대하여 알아보기 전에 먼저 삼각형을 나타내는 방법을 알려 줄게.

세 꼭짓점이 A, B, C인 삼각형 ABC를 기호로 △ABC와 같이 나타내. 이때 각 A와 마주 보는 변 BC를 각 A의 대변이라고 하고, 각 A를 변 BC의 대각이라고 해. 한편 꼭짓점 A, B, C의 대변 BC, CA, AB를 각각 a, b, c로 나타내지.

내가 그린 그림에서 △ABC와 △DEF가 서로 합동일 때, 이것을 기호로 △ABC≡△DEF와 같이 나타내. 이때 대응하는 각의 크기는 같고, 대응하는 변의 길이도 같아. 이것을 기호로 이렇게 나타내지."

$$\angle A = \angle D, \ \angle B = \angle E, \ \angle C = \angle F$$
$$\overline{AB} = \overline{DE}, \ \overline{BC} = \overline{EF}, \ \overline{AC} = \overline{DF}$$

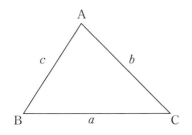
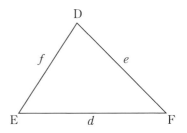

"기호가 너무 복잡하고 어려워."

"좀 그렇지? 지금 합동에 관련된 기호를 꼭 알아야 하는 것은 아니니까 너무 걱정하지 마. 그런데 삼각형의 경우에는 대응하는 모든 변과 모든 각을 비교하지 않아도 두 삼각형이 서로 합동이 됨을 알 수 있어."

"정말? 그럼 두 삼각형이 합동인지 조금 더 쉽게 알 수 있겠네."

"삼각형의 합동 조건에는 3가지가 있어. 두 삼각형은 다음의 각 경우에 서로 합동이야.

① 대응하는 세 변의 길이가 각각 같을 때

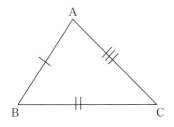
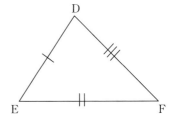

② 대응하는 두 변의 길이가 각각 같고 그 끼인각의 크기가 같을 때

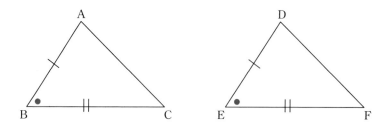

③ 대응하는 한 변의 길이가 같고, 그 양 끝 각의 크기가 각각 같을 때

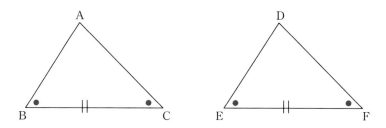

삼각형의 합동조건을 변(Side)과 각(Angle)의 첫 글자를 사용하여 간단히 ① SSS 합동, ② SAS 합동, ③ ASA 합동으로 나타내기도 해."

"그렇구나. 그런데 삼각형의 합동으로 어떻게 계곡의 폭을 구할 수 있지?"

도로시의 물음에 양철나무꾼은 다시 설명하기 시작했다.

"우선 계곡 건너편에 한 지점을 선택하여 A라 하고, 계곡을 따라 직선 BD를 그어. 그리고 D에서 계곡 건너편의 한 지점 A를 향해 각도기로 '∠가'를 측정해."

양철나무꾼이 말하자 도로시가 물었다.

"하지만 우리는 각도기가 없는걸."

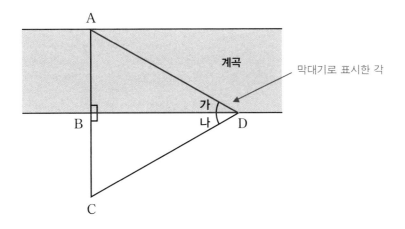

막대기로 표시한 각

계곡

가
나

"각도기가 없으면 막대기 2개를 이용하여 필요한 각만큼 벌린 후 고 정시키면 돼. 각의 크기가 중요한 것이 아니라 같은 크기로 각을 만들 수 있으면 되기 때문이야."

양철나무꾼의 말에 도로시는 계곡 건너편에 한 지점 A를 정하고 계 곡을 따라 직선 BD를 그었다. 그런 다음 D에서 막대기 2개를 이용하 여 ∠가의 크기를 표시했다.

"이제 ∠가와 똑같은 ∠나를 만들어서 직선 DC를 땅 위에 그어. 그 리고 B쪽으로 와서 지점 A를 보고 각 B가 직각이 된 곳에 멈춰서 그 곳을 B라고 하자."

도로시는 양철나무꾼이 설명하는 대로 ∠가와 똑같은 ∠나를 만들 고 지점 A를 보고 각 B가 직각이 된 곳에 멈춰서 그곳에 B라고 표시 했다. 그러자 양철나무꾼이 계속 설명했다.

"그런 다음 B에서 똑바로 땅 위에 선을 그어. 그러면 ∠ADB= ∠CDB이고, ∠ABD와 ∠CBD는 직각이므로 같아. 변 BD는 삼각형 ABD와 삼각형 CBD의 공통변이므로 삼각형 ABD와 삼각형 CBD는 합동이 된단다. 즉, 대응하는 두 변의 길이가 각각 같고 그 끼인각의 크기가 같으므로 SAS 합동이야. 결국 BC는 계곡의 폭이므로 이 길이를 측정하면 계곡의 폭을 알 수 있지."

"그렇구나. 삼각형의 합동을 이용하면 계곡을 건너지 않고도 폭을 알 수 있네. 이 계곡의 폭은 5m야."

도로시가 사자에게 계곡의 폭을 알려 주었다.

"그 정도면 내가 뛰어넘을 수 있어. 한 번에 한 사람씩 내 등을 타고 뛰어넘으면 되겠어. 누가 먼저 탈래?"

"내가 먼저 할게."

허수아비가 선뜻 앞으로 나섰다.

"혹시라도 네가 계곡을 건너뛰지 못하면 도로시는 떨어져 죽을지도 몰라. 양철나무꾼도 바위에 부딪혀서 심하게 찌그러질 거야. 하지만 나는 저 바닥까지 굴러떨어져도 전혀 다칠 염려가 없어. 그러니 내가 가

장 먼저 건너는 게 좋겠어."

"사실 나도 저 밑으로 떨어질까 봐 너무 겁이 나. 하지만 다른 방법이 없다면 한번 시도해 봐야지. 자, 내 등에 올라타. 한번 해 보자."

허수아비가 사자의 등에 올라타자 사자는 계곡을 뛰어넘기 위해 힘차게 달렸다. 사자는 계곡 앞에서 망설이지 않고 용감하게 펄쩍 뛰더니 허공을 가로질러 계곡 반대편에 사뿐히 내려앉았다. 사자가 성공하자 모두들 환호성을 질렀다. 허수아비를 땅에 내려놓은 사자는 다시 계곡을 건너왔다. 사자는 도로시와 토토, 양철나무꾼을 차례로 등에 태우고 계곡을 뛰어넘었다.

괴물 칼리다
그리고 비와 비율

사자가 일행을 등에 태우고 계곡을 뛰어넘느라 많이 지쳤기 때문에 도로시 일행은 잠깐 동안 휴식을 취하며 앉아 있었다. 사자는 한동안 헉헉거리며 숨을 몰아쉬더니 시간이 지날수록 점점 기운을 되찾았다. 사자가 어느 정도 숨을 돌리자 도로시 일행은 다시 노란 벽돌 길을 따라 에메랄드 시를 향하여 걷기 시작했다.

건너편 숲은 지나온 숲보다 훨씬 더 울창하고 빽빽했다. 도로시 일행은 노란 벽돌 길을 놓치지 않으려고 열심히 주위를 살피며 한동안 말없이 걸었다. 모두들 끝없이 이어지는 이 어두운 숲속을 통과하여 다시 밝은 햇빛을 볼 수 있을지 속으로 걱정하고 있었다. 게다가 가끔씩 숲속 깊은 곳에서 들려오는 이상한 울음소리는 도로시 일행을 더욱 두렵게 했다. 그 울음소리를 듣던 사자가 나지막한 소리로 말했다.

"이 숲속에는 칼리다가 살고 있어. 저건 분명 칼리다의 울음소리야."

"칼리다가 뭐야?"

도로시가 묻자 사자가 두려움에 몸을 움츠렸다.

"칼리다는 몸은 곰이고 머리는 호랑이인 괴물이야. 칼리다의 발톱은 굉장히 길고 날카로워서 나 같은 것은 단숨에 갈가리 찢어 버릴 수 있지. 칼리다만 생각하면 무서워 죽을 것 같아."

"무섭게 생긴데다가 발톱이 그렇게 날카롭다니 네가 무서워할 만도 하구나."

도로시가 고개를 끄덕였다. 사자가 도로시의 말에 무언가 대답을 하려는 순간 갑자기 숲이 끝나며 그들 앞에 지난번보다 훨씬 더 넓고 깊은 계곡이 나타났다. 계곡이 어찌나 넓던지 사자는 첫눈에, 지난번과 같이 일행을 등에 업고 뛰어넘을 수 없다는 것을 알았다. 결국 일행은 계곡 앞에 주저앉아 어떻게 해야 할지 고민했다. 그때 허수아비가 말했다.

"여기 계곡 옆에 아주 커다란 나무가 있어. 만약 양철나무꾼이 이 나무를 베어서 계곡 위로 쓰러뜨린다면 쉽게 건널 수 있을 것 같아."

"계곡의 폭은 지난번과 같이 삼각형의 합동을 이용하여 구할 수 있어. 그렇지만 이 나무의 높이를 알아야 계곡 위로 걸쳐질지 알 수 있어."

양철나무꾼이 말하자 허수아비가 대답했다.

"그것은 비와 비율을 이용하면 구할 수 있어."

"비와 비율이라고? 비와 비율이 뭐지?"

도로시가 고개를 갸우뚱하며 물었다.

"도로시. 너 캔자스에 있을 때 학교에 다녔지?"

"응."

"도로시. 이렇게 생각해 보자. 너희 반 학생들이 미술 수업 시간에 한 사람당 4자루의 색연필이 필요하다고 할 때, 너희 반 학생 수와 색연필 수의 크기는 어떻게 비교할 수 있을까?"

허수아비의 물음에 도로시는 곰곰이 생각하다가 무릎을 탁치며 말했다.

"아! 무엇인가 비교하는 데는 표를 만드는 것이 가장 좋은 것 같아."

학생 수(명)	1	2	3	4	5	6	7
색연필 수(자루)	4	8	12	16	20	24	28

도로시는 땅바닥에 표를 그리며 설명했다.

"이 표로부터 일정한 규칙을 찾을 수 있을 것 같아. 잠시 기다려 봐."

도로시가 잠시 고민하더니 말했다.

"학생 수가 1명씩 늘어날 때마다 색연필 수는 4자루씩 늘어나. 바꾸어 말하면 색연필 수는 학생 수의 4배이고, 학생 수는 색연필 수의 $\frac{1}{4}$배야."

"그렇지. 이것을 수학적으로 잘 표현하기 위하여 약속이 필요해. 학생 수 1명과 색연필 수 4자루를 비교하기 위하여 비로 나타내는 거야. 이것을 기호 ':'를 사용하여 1:4로 쓰고 '1 대 4'라고 읽어. 1:4는 색연필 수 4를 기준으로 하여 학생 수 1을 비교한 것이지. 이것을 '1의 4에 대한 비' 또는 '4에 대한 1의 비'라고 해. 예를 들어 남학생 6명과 여학생 4명이 있다면, 남학생 수와 여학생 수의 비는 6과 4의 비지."

허수아비의 설명을 듣던 도로시는 알쏭달쏭하다는 표정을 지으며 물었다.

"알 듯 말 듯한데. 그러면 예를 들어 양철나무꾼의 모둠에는 남학생이 4명, 여학생이 2명 있다고 해 보자. 양철나무꾼은 남학생 수와 여학생 수를 비로 나타내려고 해. 이때 양철나무꾼은 이 비를 2:4로 나타내야 할까? 아니면 4:2로 나타내야 할까?"

도로시가 묻자 허수아비가 피식 웃으며 대답했다.

"남학생을 기준으로 하면 '여학생 수와 남학생 수'는 2:4지. 또 여학생 수를 기준으로 하면 '남학생 수와 여학생 수'는 4:2가 돼. 이처럼 각각의 양을 기호 ':'를 사용하여 나타낸 비에서 앞에 오는 수를 '비교하는 양', 뒤에 오는 수를 '기준량'이라고 해. 이를테면 4:2에서 4는 비교하는 양, 2는 기준량이야. 따라서 4:2와 2:4은 완전히 다르지. 첫 번째 것은 2가 기준이고, 두 번째 것은 4가 기준이니까.

기호 :를 사용하지 않고 기준량과 비교하는 양을 분수로 나타내서 비교하는 것을 '비율'이라고 해. 특히 기준량이 1일 때의 비율을 '비의 값'이라고 하지.

예를 들어 남학생 4명에 대한 여학생 2명의 비는 2:4로 나타내. 여학생 수는 남학생 수의 $\frac{2}{4} = \frac{1}{2}$(배)이지. 즉, $\frac{(여학생\ 수)}{(남학생\ 수)}$ 는 남학생 수를 기준으로 했을 때 여학생 수의 비가 돼. 따라서 비율은 (비율)=

$\dfrac{(비교하는 \ 양)}{(기준량)}$ 과 같이 나타낼 수 있어.

이와 같이 비율은 분수로 나타낼 수 있고, 비는 기호 ':'를 사용하여 나타내는데 (비교하는 양):(기준량)이 돼."

"그런데 비율은 언제 사용하지?"

도로시의 질문에 허수아비는 다시 친절하게 예를 들어 설명하기 시작했다.

"예를 들어 설명할게. 도로시네 반 학생 28명은 16인승과 20인승 버스에 각각 나누어 타고 여행을 가기로 했어. 16인승 버스에는 12명이 탔고, 20인승 버스에는 16명이 탔어. 어느 버스에 탄 친구들이 더 넓게 느낄까?"

허수아비의 질문에 도로시는 망설임 없이 대답했다.

"똑같이 4명의 자리가 비었으므로 버스가 넓은 20인승에 탄 사람들이 더 넓게 느끼지 않을까?"

도로시의 대답에 허수아비는 웃었다.

"16인승 버스에 탈 수 있는 인원수에 대한 탑승자 수의 비는 12:16이므로 비율을 구하면 $\dfrac{12}{16} = \dfrac{3}{4}$ 이지. 또 20인승 버스에 탈 수 있는 인원수에 대한 탑승자 수의 비는 16:20이므로 비율을 구하면 $\dfrac{16}{20} = \dfrac{4}{5}$ 가 돼. 그런데 $\dfrac{3}{4} = 0.75$이고, $\dfrac{4}{5} = 0.8$이기 때문에 16인승 버스에 탄 친구들이 버스를 더 넓다고 생각하게 돼. 즉 20인승 버스에는 전체 인원의 $\dfrac{1}{5}$이 탑승하지 않았고, 16인승 버스에는 전체 인원의 $\dfrac{1}{4}$이 탑승하지 않았기 때문이야. 따라서 버스의 남은 공간 크기의 상대적인 양을 비교하면 $\dfrac{1}{5}$보다는 $\dfrac{1}{4}$이 더 크므로 16인승 버스에 더 많은 공간이 남아 있어. 이처럼 비와 비율은 실생활에서도 편리하게 활용할 수 있다고."

"그래. 이제 비와 비율에 대해서 어느 정도 이해하겠어. 그런데 이것으로 어떻게 나무의 높이를 구할 수 있다는 거지?"

"나무의 높이를 구하기 위해서는 비례식에 대한 설명이 조금 더 필요해."

"비례식이라고?"

또 다른 수학이 더 필요하다는 말에 도로시는 흠칫 놀라며 되물었다.

"그래. 하지만 비와 비율을 이해하고 있다면 어렵지 않아. 이것도 예를 들어서 설명할게. 빵 2개를 만드는 데 달걀이 3개 필요하다고 하자. 빵 4개를 만드는 데에는 달걀이 몇 개 필요할까?"

"그야 6개지."

"맞아. 하지만 조금 더 정확하게 알아보기 위하여 식을 세워 보자. 달걀 3개에 대한 빵 2개의 비의 값은 2:3이지. 그렇다면 빵 4개를 만들려면 2:3이라는 비를 만족하는 달걀 개수를 알아야 되겠지? 달걀은 너도 알다시피 6개가 필요하게 된단다. 즉 2:3＝4:6으로 두 비의 값이 같게 되는 6을 구할 수 있지. 이와 같이 비의 값이 같은 두 비를 2:3＝4:6과 같이 등식으로 나타낸 식을 비례식이라고 해."

"그러니까 비례식은 두 개의 비가 등식을 이루는 경우구나."

"그렇지. 비 2:3에서 2와 3을 비의 항이라고 하는데 앞에 있는 2를 전항, 뒤에 있는 3을 후항이라고 한다. 그리고 비례식 2:3＝4:6에서 바깥쪽에 있는 두 항 2와 6을 외항이라고 하고, 안쪽에 있는 두 항 3과

4를 내항이라고 한단다."

허수아비는 지금까지 설명한 비례식을 땅바닥에 쓰기 시작했다.

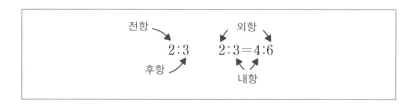

허수아비가 쓴 비례식을 유심히 바라보던 도로시가 말했다.

"어? 비례식에서 내항인 두 수의 곱과 외항인 두 수의 곱이 같네."

"맞아. 비례식에서 내항의 곱은 외항의 곱과 같아. 즉 $3 \times 4 = 2 \times 6$이지. 이건 아주 중요한 성질이라고. 그리고 비례식의 이 성질을 이용하여 나무의 높이를 구할 수 있어."

지금까지 허수아비와 도로시의 대화를 듣고 있던 양철나무꾼이 갑자기 두 사람 사이에 끼어들었다.

"그래! 허수아비의 설명을 듣고 나니 이제야 나무의 높이를 구하는 방법을 알겠어. 이제 내가 설명해 주지. 나를 따라오라고."

양철나무꾼은 도로시를 계곡 옆에 있는 커다란 나무 옆으로 데리고 갔다. 허수아비와 사자도 도로시를 따라갔다. 하지만 토토는 어두컴컴한 숲속을 향해 계속해서 으르렁거리고 있었다.

"우선 지난번과 같이 삼각형의 합동으로 계곡의 폭을 구하면 90m가 된다는 것을 알 수 있어. 이제 나무의 높이만 알면 되지."

"그래. 허수아비의 설명은 비례식으로 구하면 된다는 것이야."

양철나무꾼의 말에 도로시가 대답했다.

"이제부터 비례식을 이용하여 나무의 높이를 구할게. 지금 태양이 나무를 비추어 땅에 그림자가 생겼어. 이제 짧은 막대 하나를 큰 나무에서 조금 떨어진 땅에 세우고 막대의 그림자의 길이를 측정하면 나무의 높이를 알 수 있단다."

"그래? 어떻게 그럴 수 있지?"

"같은 시각에 태양빛이 같은 각도로 물체를 비춘다는 것을 이용하는 것이지. 잘 보라고. 지금 나무의 그림자의 길이가 200m야. 그리고 길이가 1m인 막대기의 그림자의 길이는 2m가 됐지. 즉, 두 그림자의 비율은 200:2가 되지. 이 비율은 실제 나무의 높이와 막대기의 높이 사이의 비율과 같아. 그래서 나무의 높이를 x로 하면 이런 비례식이 완성된단다."

양철나무꾼은 땅바닥에 큰 나무와 막대기 그림을 그리고 그 옆에 비례식을 쓰기 시작했다.

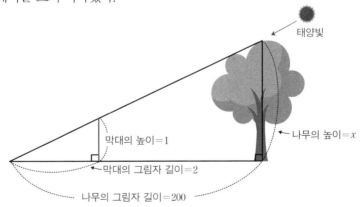

$$(나무의 그림자 길이):(막대의 그림자 길이)$$
$$=(나무의 높이):(막대의 높이)$$
$$200:2=x:1$$

"내항의 곱과 외항의 곱이 같으므로 $2x=200$ 즉, $x=100$이고 나무의 높이가 100m라는 걸 알 수 있어. 나무의 그림자 길이는 똑바로 서 있는 막대 그림자의 길이에 비례한다는 법칙을 실제로 응용해서 나무의 높이를 구한 거란다. 사실 이 비례의 법칙을 알면 여러 가지 높이를 잴 수가 있어. 그래서 숲속 나무의 높이도 나무 막대 하나로 잴 수 있는 거야."

"계곡의 폭은 90m고 나무의 높이는 100m야. 그러니까 이 나무를 베어서 계곡 위로 쓰러뜨리면 계곡을 건너갈 수 있어."

허수아비가 지금까지의 것들을 정리하여 설명하자 도로시가 허수아비를 존경스러운 눈으로 바라보았다.

"정말 좋은 생각이야. 누가 들으면 네 머릿속에 지푸라기 대신에 생각할 수 있는 뇌가 들어 있다고 여길 거야."

"하지만 여전히 내 머릿속에는 1자를 닮은 지푸라기로 꽉 차 있어. 난 뇌가 필요해."

허수아비의 넋두리를 뒤로하고 양철나무꾼은 도끼로 큰 나무를 찍기 시작했다. 그의 도끼는 아주 날카로웠기 때문에 커다란 나무도 쉽게 베어 낼 수 있었다. 나무는 쾅 소리와 함께 계곡 위에 가로놓였다. 일행은 나무를 다리 삼아 계곡을 건너기 시작했다. 하지만 여전히 토토는 숲속을 향해 으르렁거렸다.

도로시 일행이 나무다리를 절반쯤 건넜을 때 토토가 시끄럽게 짖어대기 시작했다. 그와 함께 소름끼치는 울음소리가 들렸다. 일행은 모두 깜짝 놀라 뒤를 돌아보았다. 그리고 공포로 가득한 비명을 질렀다. 두 마리의 커다란 괴물이 그들을 향해 달려오고 있었던 것이다.

"칼리다야!"

겁쟁이 사자가 부들부들 떨며 소리쳤다.

"다리를 건너야 해. 빨리 달려!"

허수아비가 다급하게 소리치자 일행은 달리기 시작했다. 일행이 다리를 거의 건넜을 무렵 칼리다들도 나무다리의 절반을 건넌 상태였다.

"내가 칼리다를 막고 있는 동안 얼른 건너가."

사자가 나무다리 끝에서 칼리다를 향해 몸을 돌리더니 큰 소리로 울부짖었다. 그 소리가 어찌나 크고 무시무시했던지 막 다리를 건넌 도로시는 털썩 주저앉아 비명을 질렀다. 허수아비도 뒤로 벌렁 자빠지고 말았다. 심지어 일행을 향해 달려오던 칼리다조차도 잠시 멈추고 깜짝 놀란 표정으로 사자를 바라보았다.

하지만 칼리다들은 사자보다 훨씬 몸집이 클 뿐만 아니라 두 마리였다. 그들은 다시 도로시 일행을 향해 달려오기 시작했다. 사자는 재빨리 몸을 돌려 계곡을 건너갔다. 도로시 일행은 사자를 마지막으로 모두 계곡을 건넜지만 칼리다들도 다리를 건너오는 건 시간문제였다. 사자가 일행을 자신의 뒤로 숨게 하고 용감하게 말했다.

"칼리다가 다리를 넘어오면 우리는 끝장이야. 그러니까 너희는 먼저 도망가고 있어. 내 목숨이 붙어 있는 한 칼리다와 싸워 볼 테니까 말이야."

"잠깐만 기다려 봐!"

그때 허수아비가 소리쳤다. 긴박한 순간에도 허수아비는 어떻게 하면 좋을지 고민하고 있었던 것이다. 허수아비는 양철나무꾼에게 소리쳤다.

"도끼로 나무다리를 잘라."

허수아비의 말을 들은 양철나무꾼은 재빨리 도끼를 휘둘러 나무를 자르기 시작했다. 칼리다들이 거의 다리를 건넜을 때, 나무가 와지끈 소리를 내면서 계곡 아래로 떨어졌다. 그와 함께 끔찍하게 생긴 칼리다들도 괴성을 지르며 계곡으로 떨어졌다.

"정말 다행이다. 다들 무사하지? 그 무시무시한 괴물 때문에 난 아직도 다리가 후들거리고 심장이 쿵쾅 뛰는걸."

사자가 심장이 쿵쾅거린다고 너스레를 떨자 양철나무꾼이 말했다.

"나도 두근거리는 심장이 있다면 얼마나 좋을까?"

"사자는 정말 용감했어. 그리고 허수아비도 정말 좋은 생각을 했고. 난 너희에게 용기와 뇌가 없다는 것이 믿기질 않아."

도로시가 사자와 허수아비를 번갈아 쳐다보며 말했다. 도로시 일행은 끔찍한 괴물을 다시 만날까 봐 서둘러 길을 재촉했다. 앞으로 걸어갈수록 나무들이 조금씩 적어지는 것을 보고 도로시 일행은 무척 다행스럽게 여겼다.

칼리다에게서 도망친 도로시 일행은 한시름 놓고 두런두런 이야기를 나누었다. 도로시는 곱셈으로 다양한 수학을 표현할 수 있다는 사실을 곱씹었다. 허수아비는 마치 도로시의 마음을 읽은 것처럼 재미있는 곱셈 문제를 냈다.

"다음 그림에서 A, B, C는 자연수고 동그라미 안의 수는 인접해 있는 네모 안의 두 수의 곱이야. 이 때 $A \times B \times C$를 구할 수 있을까?"

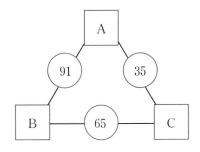

강 건너기와 평균

오후가 되자 도로시 일행 앞에 갑자기 넓은 강이 나타났다. 강의 물살은 아주 세고 빨랐다. 강 건너편으로 노란 벽돌 길이 계속 이어지고 있는 것이 보였다. 강 건너편의 초록색 들판 위에는 아름다운 꽃들이 피어 있었다. 그러나 그곳으로 가려면 그들은 먼저 강을 건너야 했다.

"어떻게 이 강을 건너지?"

"그거야 아주 쉽지. 양철나무꾼이 나무를 베어 오면 뗏목을 만들어 타고 건너면 되지."

허수아비의 말에 양철나무꾼은 가까운 숲으로 들어가서 뗏목을 만들 만한 나무를 베기 시작했다. 양철나무꾼은 베어 낸 나무를 엮어 뗏목을 만들기 시작했다. 양철나무꾼이 바쁘게 일을 하는 동안 허수아비

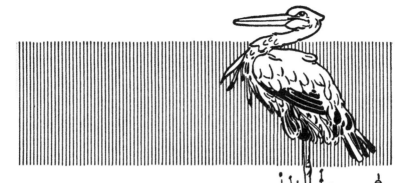

는 강둑에 늘어선 나무에서 맛있는 열매를 따 왔다. 도로시는 허수아비가 따 온 열매를 아주 맛있게 먹었다. 도로시가 열매를 먹는 동안에도 양철나무꾼은 쉬지 않고 일했다. 하지만 뗏목을 만드는 데는 상당히 많은 시간이 걸렸다. 또 이미 날이 저물고 있었기 때문에 도로시 일행은 나무 밑에서 하룻밤을 지내기로 했다.

다음 날 아침에도 도로시는 허수아비가 따 온 열매로 아침 식사를 했다. 아침 일찍 일어난 양철나무꾼이 서둘러 뗏목을 만들었기 때문에 도로시가 아침 식사를 막 끝냈을 때쯤에 뗏목이 완성됐다. 뗏목이 완성되자 도로시 일행은 떠날 준비를 했다.

"이제 뗏목을 밀 장대만 있으면 돼. 그런데 강의 깊이를 모르니 어쩐다?"

양철나무꾼이 걱정스런 얼굴로 말했다.

"적당한 길이로 만들면 되지 않겠어?"

도로시가 묻자 양철나무꾼이 말했다.

"강이 깊고 장대가 짧거나 반대로 강이 얕고 장대가 길면 뗏목을 조정하기 어려워. 그래서 강의 깊이에 맞는 장대를 준비해야 해."

도로시는 양철나무꾼의 설명을 듣고 고개를 끄덕였다. 허수아비는 이 문제를 해결하려고 이미 생각에 잠겨 있었고 사자는 주위를 두리번거리며 강둑을 어슬렁거렸다.

"여기 푯말에 강의 깊이는 평균 2m라고 쓰여 있네."

"깊이가 2m라면 3m짜리 장대를 준비하면 되겠다."

허수아비가 말했다. 그러자 사자가 고개를 가로저었다.

"평균 2m이기 때문에 3m보다 긴 장대가 필요할 것 같은데."

그러나 양철나무꾼은 사자의 말을 채 듣지도 않고 3m짜리 장대를 구하기 위하여 얼른 숲으로 들어가 버렸다.

"왜 더 긴 장대가 필요하지? 그리고 평균은 또 뭐야?"

도로시가 사자에게 물었다.

"평균은 자료 전체의 합을 자료의 개수로 나눈 값이야."

"무슨 말인지 하나도 모르겠어."

도로시가 어렵다고 하자 사자는 커다란 머리를 흔들어 댔다. 그러자 사자의 갈기에서 정육면체 나무 블록들이 쏟아져 내렸다. 사자는 나무 블록들을 첫 번째 줄부터 차례로 4개, 3개, 5개, 2개, 6개씩 다섯 줄로 쌓았다.

"이 나무 블록 다섯 줄의 높이는 서로 달라. 그런데 높은 줄에 있는 블록을 낮은 줄로 옮기면 높이를 같게 만들 수 있어. 왼쪽부터 한 줄에 쌓여 있는 블록의 개수를 차례로 쓰면 4, 3, 5, 2, 6이야. 그런데 블록의 높이를 같게 했더니 한 줄에 쌓여 있는 블록의 개수가 모두 4개씩으로 같게 됐어."

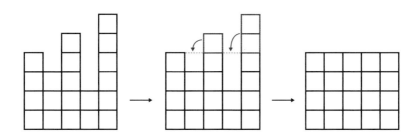

"블럭의 개수가 아주 많을 때는 어떻게 하지?"

도로시가 물었다.

"블록의 개수가 아주 많아서 일일이 옮기기 어렵다면 높이를 얼마로 맞추면 될지 미리 알 수 있는 방법이 있어. 그건 바로 블록 개수의 합을 줄의 수로 나누는 거야. 이를테면 블록 개수의 합 20을 줄의 수 5로 나눈 4가 평균이 되는 거야. 아까 말한 대로 평균이란 자료 전체의 합을 자료의 개수로 나눈 값을 말하거든"

사자는 도로시에게 블록의 평균을 구하는 식을 써 보였다.

$$블록 높이의 평균 = \frac{4+3+5+2+6}{5} = \frac{20}{5} = 4$$

$$(평균) = \frac{(자료\ 전체의\ 합)}{(자료의\ 개수)}$$

"다른 예를 들어서 평균을 직접 구해 볼까? 오즈의 나라에 있는 몇 몇이 줄넘기를 했어. 도로시는 26개를 했고, 다른 친구들은 몇 개나 했는지 조사하여 표를 만들었어. 이들이 한 줄넘기의 평균은 몇 개일까?

이름	도로시	양철 나무꾼	허수아비	사자	토토	오즈	북쪽 마녀	서쪽 마녀
횟수(회)	26	46	24	32	44	42	22	20

이 표로부터 평균을 구해 보자. 평균은 자료 전체의 합을 자료의 개수로 나눈 것이므로 줄넘기 횟수의 합을 사람의 수로 나누면 돼.

$$(평균) = \frac{26 + 46 + 24 + 32 + 44 + 42 + 22 + 20}{8} = \frac{256}{8} = 32(회)$$

줄넘기 횟수의 합은 256회고, 이것을 줄넘기에 참가한 사람 수 8로 나누면 평균은 32회가 되지."

"나는 평균보다 못했네."

도로시가 사자의 설명을 듣고 말했다.

"그래. 평균보다 많이 한 경우는 양철나무꾼, 토토, 오즈이고 평균보다 적게 한 경우는 도로시, 허수아비, 북쪽 마녀, 서쪽 마녀야. 또 사자는 정확히 평균만큼 했어. 이처럼 평균을 구하면 평균보다 많고 적은 것이 어떤 경우인지 알 수 있어."

"그렇구나. 평균을 이용하는 다른 경우도 있니?"

도로시가 흥미로운 듯 사자에게 물었다.

"평균을 알고 있다면 빠진 항목의 수를 구할 수 있어."

사자는 평균이 활용되는 다른 예를 들기 위하여 새로운 표를 하나 그렸다.

이름	도로시	양철 나무꾼	허수아비	사자	토토	오즈	북쪽 마녀	서쪽 마녀
키(cm)	146	152	150	145	58	x	146	147

"이것은 오즈의 나라 사람들의 키를 나타낸 표야. 그런데 오즈의 키가 얼마인지 알 수 없어. 하지만 걱정하지 않아도 돼. 평균만 알면 구할 수 있거든."

"평균만 알면 오즈의 키를 알 수 있다고? 어떻게 구하지?"

"오즈의 나라 사람들의 평균 키는 138cm래. 그럼 오즈의 키를 x라고 하고 평균을 구하는 식을 세워 풀어 볼까?"

$$(\text{평균}) = \frac{146+152+150+145+58+x+146+147}{8}$$
$$= \frac{x+944}{8} = 138$$

사자는 표에서 오즈의 나라 사람들의 키의 평균을 구하는 식을 세우고 계산을 했다.

"$\frac{x+944}{8} = 138$이므로 $x+944 = 8 \times 138 = 1104$이지. 따라서 $x = 1104 - 944 = 160$이야. 그래서 오즈의 키는 160cm임을 알 수 있지."

"그렇구나. 그럼 우리가 건너야 할 강의 평균 깊이가 2m이므로 양철나무꾼의 말처럼 3m짜리 장대를 준비하면 되는 거 아닌가?"

도로시의 질문에 사자가 대답했다.

"평균은 자료의 전체적인 상태를 나타내는 좋은 방법이야. 하지만 평균에는 함정이 있어. 평균보다 큰 경우와 작은 경우가 있다는 것이지. 이를테면 아까 키의 평균이 138cm이었지만 토토의 키는 58cm밖에 되지 않았지. 또 오즈의 키는 평균보다 훨씬 큰 160cm나 됐어. 그러니까 평균을 알았다고 해서 평균과 비슷하게 준비하면 큰일 날 수 있다는 거야."

사자의 말이 끝날 무렵 양철나무꾼이 3m쯤 되어 보이는 장대를 들고 숲에서 나왔다. 도로시는 토토를 안고 뗏목의 한가운데 앉았다. 사자가 뗏목에 올라서자 뗏목이 심하게 흔들렸다. 사자가 너무 무거웠기 때문이었다. 그래서 양철나무꾼과 허수아비가 사자의 반대편에 서자 뗏목은 다시 균형을 되찾았다. 양철나무꾼은 장대를 허수아비에게 건네며 말했다.

"내게 물이 튀면 몸이 녹슬기 때문에 이 장대로 뗏목을 모는 것은 허수아비, 네가 해야 할 것 같아."

허수아비는 긴 장대를 손에 쥐고 뗏목을 강 한가운데로 밀었다. 허수아비는 장대로 강바닥을 짚으며 뗏목을 건너편으로 이동시켰다. 강을 거의 건넜을 무렵 허수아비가 다시 한 번 장대로 강바닥을 짚었지만 그곳은 장대의 길이보다 더 깊은 곳이었다. 그래서 허수아비는 균형을 잃고 그대로 강물 속으로 곤두박질쳤다. 그러자 사자가 소리쳤다.

"이런, 그래서 강을 건널 때는 평균 깊이가 아닌 가장 깊은 곳의 깊이가 중요해. 이런 경우가 평균의 함정에 빠진 거야."

사자가 얼른 물에 빠진 허수아비를 낚아채서 뗏목에 다시 실었다. 도로시 일행은 가까스로 강을 건너기는 했지만 허수아비가 강에 빠져 뗏목을 조정할 수 없었기 때문에 뗏목이 너무나 먼 곳까지 떠내려 와 노란 벽돌 길이 보이지 않았다. 그런데다가 물에 흠뻑 젖은 허수아비를 말리기 위해 잠시 쉬어야 했다.

"이제 어떻게 하지?"

양철나무꾼이 걱정스러운 듯이 말했다. 사자는 허수아비와 함께 들판 위에 벌렁 누워서 따뜻한 햇살을 받으며 젖은 털을 말리고 있었다. 강을 건너느라고 피곤했는지 도로시와 토토 그리고 사자는 금방 잠에 빠져들었다.

얼마나 지났을까? 도로시와 사자가 낮잠에서 깼고 허수아비도 몸이 모두 말랐다.

"에메랄드 시로 가는 노란 길을 찾는 가장 좋은 방법은 노란 길이 다시 나올 때까지 강둑을 따라 걸어가는 거야."

허수아비의 말에 일행은 에메랄드 시로 가는 노란 길을 찾기 위하여 강둑을 따라 걷기 시작했다.

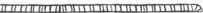

평균에 대해 배운 도로시는 다음 퍼즐을 맞춰야 열리는 마법의 문과 맞닥뜨렸다. 문에는 다음과 같은 문구가 있었다.

"1부터 9까지의 수를 다음 삼각형 속 물음표에 적당히 배열하여 세 변의 평균이 같도록 하여라."

도로시는 문을 열 수 있을까?

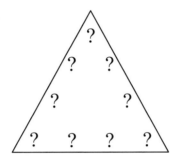

들쥐의 여왕과
정다각형 바퀴

    도로시 일행은 강둑을 따라 걸었다. 한참을 걷자 그들 앞에 진한 자줏빛의 양귀비꽃들이 무리를 이루고 있는 꽃밭이 나왔다. 그리고 도로시 일행이 앞으로 가면 갈수록 커다란 양귀비꽃들이 더욱 많아졌다. 곧 그들은 엄청나게 넓은 양귀비 꽃밭 한가운데 들어왔다는 것을 깨달았다. 그런데 양귀비꽃에서 풍기는 독한 냄새는 졸음을 불러일으킨다. 그리고 만약 잠이 든 사람을 서둘러 꽃밭으로부터 멀리 옮기지 않는다면 그 사람은 영원히 잠이 들게 된다.

  하지만 도로시 일행은 이 사실을 알지 못했다. 얼마 지나지 않아 도로시의 눈꺼풀이 서서히 무거워졌다. 도로시는 당장이라도 그 자리에 주저앉아 잠을 자고 싶었다. 마침내 도로시는 자신이 어디 있는지조차 잊어버리고 양귀비 꽃밭 한가운데 쓰러져 잠이 들고 말았다.

"어떡하지?"

양철나무꾼이 묻자 사자가 대답했다.

"꽃 때문에 졸음이 오는 것 같아. 도로시를 그냥 이곳에 내버려두면 영원히 잘지도 몰라. 얼른 꽃밭에서 나가야 해. 사실은 나도 눈을 뜨고 있기 힘들 지경인걸. 토토도 벌써 잠이 들었어."

도로시와 토토는 이미 잠이 들었고 사자마저도 점점 잠에 빠져들려고 했다. 그러자 허수아비가 사자에게 소리쳤다.

"최대한 빨리 이 무시무시한 꽃밭에서 달아나야 해. 도로시와 토토는 우리가 데리고 갈게. 하지만 네가 잠이 들면 너는 너무 무거워서 우리가 들고 갈 수가 없어. 그러니 빨리 달려!"

사자는 간신히 정신을 차리고 있는 힘을 다해 달리기 시작했다. 순식간에 사자의 모습은 허수아비와 양철나무꾼의 눈앞에서 사라졌다. 허수아비와 양철나무꾼은 냄새를 맡을 수 없었기 때문에 양귀비 꽃밭 한가운데에 있어도 아무런 문제가 없었다.

"우리 둘이 팔짱을 끼고 그 위에 도로시와 토토를 태우고 가자."

허수아비와 양철나무꾼은 토토를 도로시의 무릎 위에 올려놓았다.

그리고 서로의 팔을 엮어서 의자처럼 만든 다음 잠이 든 도로시를 그 위에 태우고 꽃밭 사이를 걸어갔다. 강둑을 따라 걸어가던 그들은 마침내 양귀비 꽃밭을 거의 빠져나왔다. 그런데 그들은 그곳에서 사자를 발견했다. 사자는 바로 코앞에 푸른 잔디가 넓게 펼쳐져 있는 것을 보고 안심해서 잠이 들었던 것이다.

"사자는 너무 무거워서 우리 힘으로 움직일 수 없어. 그러니까 이곳에서 자도록 내버려 두는 수밖에 없어. 꿈속에서나마 용기를 얻게 되겠지."

"좋은 친구였는데 정말 슬픈 일이야."

허수아비와 나무꾼은 도로시와 토토를 양귀비 꽃밭에서부터 멀리 떨어진 강둑 옆으로 데리고 갔다. 그들은 도로시를 잔디 위에 조심스럽게 내려놓고 깨어나기를 기다렸다. 도로시 옆에 앉아 있던 허수아비가 갑자기 벌떡 일어나더니 먼 곳을 살펴보며 말했다.

"저기 노란 벽돌 길이 보이네! 도로시가 깨어나면 다시 에메랄드 시로 갈 수 있겠어."

양철나무꾼이 뭔가 대답하려는 순간 어디선가 나지막이 으르렁거리는 소리가 들렸다. 양철나무꾼이 소리가 나는 곳으로 고개를 돌리자, 그곳에는 들고양이가 조그만 회색 들쥐를 잡아먹으려 하고 있었다. 양

철나무꾼은 재빨리 도끼를 휘둘러 들고양이를 쫓아내고 들쥐를 구해 주었다. 들쥐는 양철나무꾼에게 떨리는 목소리로 말했다.

"제 목숨을 구해 주셔서 정말 고맙습니다. 저는 모든 들쥐의 여왕입니다."

그 쥐가 자신을 들쥐의 여왕이라고 소개하자 양철나무꾼이 황급히 허리를 숙였다. 그때 수많은 들쥐들이 달려와 여왕이 무사한 것을 보고 환호성을 질렀다. 그 소리가 어찌나 컸던지 잠이 들었던 도로시가 부스스 눈을 떴다. 도로시는 수많은 들쥐들이 여왕 쥐 앞에 모여 있는 모습을 보고 깜짝 놀랐다. 도로시가 허리를 굽혀 여왕에게 인사하자 여왕도 머리를 숙여 도로시에게 인사했다. 다른 들쥐들은 주변에 관심이 없었다. 오직 여왕이 무사하다는 사실에 기뻐하고 있었다.

"여왕 폐하, 저희는 여왕께서 들고양이에게 잡아먹히는 줄만 알았습니다."

"양철나무꾼이 내 목숨을 구해 주었다. 그러니 앞으로 너희는 그분을 잘 섬기도록 하여라. 그가 원하는 것은 무엇이든지 다 들어주어라."

"분부대로 하겠습니다."

들쥐들이 한목소리로 목청껏 외쳤다. 들쥐 중에서 가장 큰 쥐가 말했다.

"혹시 우리가 도와 드릴 일이 있을까요? 여왕님을 살려 주신 은혜를 갚고 싶습니다."

"여러분이 도와줄 일은 없습니다."

양철나무꾼이 대답했다. 바로 그때 허수아비가 재빨리 말했다.

"아닙니다. 한 가지 있습니다. 우리 친구인 사자를 구해 주세요. 지금 양귀비 꽃밭에서 잠들어 있어요."

"사자라고요? 하지만 사자는 우리를 잡아먹으려고 할 텐데……."

"그렇지 않아요. 그 사자는 겁쟁이라서 여러분을 해치지 않아요. 더욱이 그 사자는 우리의 친구입니다."

들쥐 여왕은 허수아비의 말을 듣고 안심이 된다는 듯 고개를 끄덕였다.

"그럼 우리가 어떻게 도와줄까요?"

"들쥐들 모두를 이곳으로 모이라고 하십시오. 그리고 각자 긴 밧줄 하나씩을 가져오라고 하세요."

허수아비의 말을 들은 여왕은 시종 들쥐에게 명령하여 그대로 실행하게 했다. 시종 들쥐가 다른 들쥐들에게 여왕의 명령을 전달하자 들쥐들이 밧줄을 가져오기 위해 순식간에 흩어졌다. 허수아비는 양철나무꾼에게 말했다.

"이제 너는 강가에 있는 나무를 베어서 사자를 실어 나를 수 있는 수레를 만들도록 해."

"알았어. 그런데 이곳의 땅바닥 모양이 평평하지 않아서 동그란 바퀴로는 수레를 끌 수 없어."

양철나무꾼의 말에 도로시가 아직도 잠이 덜 깬 듯 눈을 비비며 물었다.

"바퀴는 모두 원 모양 아니야? 나는 지금까지 삼각형이나 사각형 모양 바퀴는 본 적이 없어."

"네 말이 맞아. 평평한 땅에서는 당연히 원 모양의 바퀴를 이용하는 것이 좋아. 하지만 길이 울퉁불퉁하다면 어떨까?"

"그야, 아무리 바퀴가 원이라고 하더라도 덜컹거리는 것은 어쩔 수 없겠지."

"그래. 원의 중심을 바퀴의 축으로 정하면 땅과 축 사이의 거리가 항상 반지름으로 일정해서 덜컹거리지 않아. 그런데 울퉁불퉁한 길에서는 길의 모양대로 원의 중심이 움직이니 더욱 덜컹거리지. 그래서 원 모양의 바퀴가 덜컹거리지 않으려면 길이 평평해야 해."

"그럼 평평하지 않은 길에서 이용할 수 있는 바퀴가 따로 있나?"

도로시는 잠이 완전히 깬 얼굴로 양철나무꾼에게 물었다.

"다각형 모양의 바퀴를 이용하는 것이지."

"바퀴를 다각형 모양으로 만든다고? 어떻게?"

도로시가 놀란 표정으로 묻자 양철나무꾼이 말했다.

"다각형이 바퀴로 적당하지 않은 가장 큰 이유는 평지를 굴러가는 동안 바퀴의 중심축이 끊임없이 움직이기 때문이야. 다각형 바퀴라도 만약 바퀴의 중심축이 움직이지 않고 직선을 그린다면 덜컹거리지 않을 거야. 따라서 다각형 바퀴가 덜컹거리지 않으려면 바퀴의 중심과 땅 사이의 거리가 늘 같도록 만들면 돼."

"그걸 어떻게 해야 하지?"

"길의 모양이 울퉁불퉁하니 길에 맞게 바퀴를 만드는 거지. 그렇게 하려면 바퀴는 정다각형 모양이 되지. 울퉁불퉁한 길을 따라 다각형을 굴리면 놀랍게도 바퀴의 중심이 직선으로 나아가게 돼. 평평한 길에서

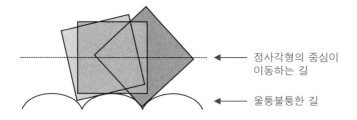

정사각형의 중심이
이동하는 길

울퉁불퉁한 길

는 불가능한 일이지."

"그럼 길의 울퉁불퉁한 상태에 따라 다른 정다각형 모양으로도 바퀴를 만들 수 있다는 말이네."

"그래. 먼저 정삼각형 바퀴를 만들어 볼까? 정삼각형의 각 꼭짓점에서 대변에 내린 3개의 수선이 만나는 점을 수심이라고 해. 수선의 중심이라는 뜻이지. 정삼각형 바퀴는 수심을 바퀴의 중심으로 정하면 돼. 즉, 정삼각형의 수심이 직선을 그리면서 움직이는 길이면 정삼각형을 바퀴로 사용할 수 있어. 이런 길에서는 정삼각형 바퀴를 만들어야 덜 컹거리지 않아. 오히려 원 모양 바퀴는 적당하지 않지."

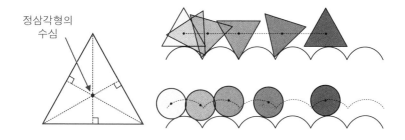

정삼각형의
수심

양철나무꾼은 정삼각형 바퀴와 길 모양을 그려 도로시에게 보여 주었다. 그리고 계속해서 설명했다.

"이번에는 정사각형 바퀴를 만들어 볼까? 이 경우에는 정사각형에 대각선을 그어 만나는 점을 바퀴의 중심으로 정하면 돼. 마찬가지로 정사각형이 구를 때 이 중심이 직선을 그리면서 움직이는 길이라면 정사각형 바퀴를 사용하면 되지."

 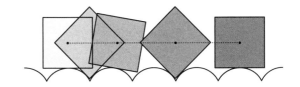

도로시는 양철나무꾼이 그린 그림을 자세히 들여다보며 말했다.

"그런데 자세히 보니 정사각형 바퀴가 굴러가는 길이 정삼각형 바퀴가 굴러가는 길보다 약간 덜 올록볼록한걸."

"맞아. 정사각형은 바퀴의 중심으로부터 각 변이나 꼭짓점에 이르는 거리의 차가 정삼각형보다는 적기 때문이야."

"그럼 길의 올록볼록한 정도에 따라 바퀴의 중심과 땅 사이의 거리가 늘 일정하도록 하면 되니까, 이런 방법으로 정다각형을 모두 바퀴로 사용할 수 있겠구나."

도로시가 정다각형 바퀴를 잘 이해한 듯하자 양철나무꾼은 조금 더 자세히 설명하기 시작했다.

"땅의 볼록한 부분의 수는 늘고 높이가 낮아질수록 정다각형의 변의 개수도 늘어나야 중심축이 안정적으로 앞으로 나가. 땅이 평지에 가까워질수록 다각형의 변의 개수를 늘려 원을 닮아 가야 잘 굴러간단다. 길이 완전히 평평하다면 바퀴의 모양도 원이 되어야 잘 구를 수 있는 거지. 바퀴가 원 모양인 이유도 바로 여기서 비롯된 거야."

설명을 마친 양철나무꾼은 울퉁불퉁한 길에 꼭 맞는 다각형 모양의 바퀴가 달린 수레를 만들기 시작했다. 양철나무꾼의 솜씨가 어찌나 빠르고 좋던지 들쥐들이 도착했을 때에는 이미 다각형 바퀴를 가진 수레가 완성되어 있었다. 허수아비와 양철나무꾼은 들쥐들이 물어 온 밧줄의 한쪽은 수레에 묶고, 다른 한쪽은 들쥐의 목에 걸어 들쥐들에게 수레를 당기도록 부탁했다. 수천 마리가 넘는 쥐들이 힘을 모으니 수레는 쉽게 움직였다.

도로시 일행과 들쥐들은 사자가 잠들어 있는 양귀비 꽃밭에 도착했다. 그들은 힘을 합하여 무거운 사자를 수레에 태운 후 서둘러 꽃밭을 빠져나왔다. 도로시는 작은 들쥐들에게 친구의 목숨을 구해 줘서 고맙다고 인사를 했다. 수레와 연결된 끈을 풀어 주자 들쥐들은 다시 뿔뿔이 흩어져 각자의 집으로 돌아갔다. 마지막으로 여왕 들쥐가 말했다.

"또다시 우리 도움이 필요하면 언제든지 들판에서 우리를 불러 주세요."

여왕은 도로시 일행과 작별 인사를 하고 들판으로 사라졌다. 도로시 일행은 사자가 깨어날 때까지 한동안 사자 옆에 앉아 있어야 했다.

들쥐들은 정육각형 모양의 얇은 치즈를 등분할 해서 나눠 먹는다. 등분할은 오른쪽 그림과 같이 도형을 똑같은 모양과 크기로 나누는 것이다. 육각형 모양의 치즈 한 장을 8마리의 들쥐가 등분할로 나눠 먹으려면 어떻게 썰어야 할까?

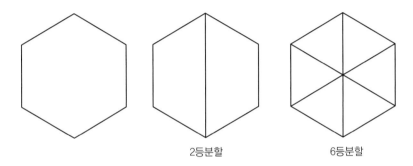

2등분할   6등분할

11
에메랄드 시의 출입증, 성벽 놀이

사자는 양귀비 꽃밭에서 너무 오랫동안 독 향기를 맡았기 때문에 다시 깨어나기까지는 오랜 시간이 걸렸다. 마침내 눈을 뜬 사자는 한동안 주위를 둘러보더니 자신이 살아 있다는 것을 깨닫고 무척 기뻐했다.

"나는 있는 힘을 다해서 달렸어. 하지만 꽃향기가 너무 강해서 어쩔 수가 없었지. 도대체 나를 어떻게 그 꽃밭에서 꺼냈지?"

도로시 일행은 들쥐들의 도움을 받아 사자의 목숨을 구했다는 이야기를 해 주었다. 자초지종을 모두 전해들은 사자는 친구들과 다시 길을 떠났다. 그들은 노란 길을 따라 에메랄드 시를 향해 콧노래를 흥얼거리며 즐겁게 걸어갔다.

숲을 벗어나고 들판을 지나 일행은 어느덧 작은 농가들이 보이는 마을로 들어섰다. 길 가장자리에는 나지막한 담장이 세워져 있었다. 그런데 이번에는 파란색이 아니라 초록색이 칠해져 있었다. 담장만 초록색이 아니라 집도 초록색이었다. 날이 저물기 전까지 도로시 일행은 몇몇 집 앞을 지나갔다. 때때로 사람들은 문 앞까지 나와서 도로시 일행을 구경했다. 하지만 아무도 가까이 다가와서 말을 걸지 않았다. 함께 걷고 있는 덩치 큰 사자가 두려웠기 때문이었다.

이곳 사람들은 모두 아름다운 에메랄드 빛 초록색 옷을 입고 폴리곤처럼 모자를 쓰고 있었다.

"이곳이 오즈의 나라가 틀림없는 것 같아."

그때 도로시가 저 멀리 앞쪽에서 초록색으로 빛나는 하늘을 발견했다.

"에메랄드 시에 거의 다 온 것이 분명해!"

도로시가 흥분해서 소리쳤다. 허수아비가 도로시의 말에 고개를 끄덕였다. 하지만 에메랄드 시까지는 한참을 더 가야 했다. 에메랄드 시에 가까워질수록 초록색이 점점 더 짙어졌다. 드디어 저 멀리 에메랄드 시의 성벽이 보이기 시작했다. 높고 튼튼해 보이는 성벽은 밝은 초록색으로 칠해져 있었다. 노란 벽돌 길이 끝나고 커다란 성문이 우뚝 서 있었다. 문은 온통 반짝거리는 에메랄드로 장식되어 있었다. 에메랄드가 태양빛을 받아 얼마나 눈부시게 빛나던지 허수아비조차 눈을 제대로 뜨지 못할 정도였다.

도로시 일행은 멀고 험한 길을 여행하여 드디어 에메랄드 시의 성문 앞에 도착했다. 성문도 에메랄드로 장식되어 있었는데 태양빛을 받아 눈이 부셔서 제대로 바라볼 수가 없었다. 성문 옆에는 작은 종이 달려 있었다. 도로시가 종을 힘껏 당기자 맑은 은방울 소리가 울려 퍼졌다. 도로시 일행 앞에 초록색 옷을 입은 남자가 나타났다. 그의 옆구리에는 커다란 초록색 상자가 들려 있었다.

"저는 에메랄드 시의 성문을 지키는 사람입니다. 이곳에 어떻게 오셨습니까?"

"저희는 위대한 마법사 오즈를 만나러 왔습니다."

도로시가 대답했다. 이 대답을 들은 성문지기는 무척 놀란 표정을 지으며 뭔가 곰곰이 생각하는 것 같았다.

"지난 몇 년 동안 오즈님을 만나겠다고 찾아온 사람은 아무도 없었습니다."

성문지기는 난처한 듯이 고개를 가로저으며 말했다.

"오즈님은 아주 힘이 세고 무서운 분입니다. 만약 여러분이 하찮은 일로 오즈님을 찾아왔다면 오즈님은 몹시 화를 내실 겁니다."

"하지만 이건 하찮은 부탁이나 어리석은 소망이 아니에요. 아주 중요한 일입니다. 게다가 오즈님은 아주 좋은 마법사라고 들었는데요."

"알겠습니다. 하지만 오즈님은 수학을 무척 좋아하십니다. 그래서 에메랄드 시의 성문을 통과하려면 먼저 오즈님이 내신 수학 문제를 풀어야 합니다."

수학 문제라는 말에 도로시와 사자는 놀란 표정을 지었다. 하지만 허수아비와 양철나무꾼은 얼굴이 자루와 양철로 만들어졌기 때문에 다른 표정을 지을 수 없었다.

"무슨 문제인데요?"

허수아비가 물었다.

"옛날부터 외적에 대항해 싸우고, 나라를 지키기 위해서는 반드시 튼튼하게 잘 지어진 성이 필요했습니다. 그런데 모든 성벽의 가장 윗부분은 에메랄드 성과 같이 올록볼록한 형태로 되어 있습니다. 높고 낮은 모양을 가진 형태를 흉벽이라고 합니다."

성문지기는 에메랄드 시를 둘러싸고 있는 성벽 꼭대기를 가리키며 계속 말했다.

"흉벽의 높은 부분 뒤로는 숨고, 낮은 부분으로는 적의 움직임을 관찰하거나 활을 쏘기 편리합니다. 그래서 흉벽은 벽돌을 적당히 세우거나 눕혀서 만듭니다."

도로시 일행은 성문지기가 언제 문제를 낼지 긴장하며 그가 하는 이야기를 집중해서 들었다.

"이런 흙벽을 지을 때 돌을 직육면체 모양으로 다듬어 벽돌을 만든후 쌓지요. 거기에 재미있는 수학이 숨어 있습니다."

성문지기의 말에 도로시가 고개를 갸웃거리며 물었다.

"성을 쌓는 데 수학이 필요하다고요?"

"잘 들어 보세요. 지금부터 에메랄드 성으로 들어가는 문제를 설명하겠습니다. 직육면체 모양으로 다듬어진 벽돌을 세우거나 눕혀서 성을 쌓는데 세워 놓은 벽돌을 S, 눕혀 놓은 벽돌을 L이라고 합시다. 이제 이것을 배열하는 방법에 대한 수학을 알려 드리지요. 규칙은 매우 간단합니다."

성문지기는 벽돌들이 아무렇게나 배열된 그림 하나를 그리며 도로시 일행에게 설명했다.

"문제는 아주 간단합니다. 그림과 같이 연속으로 서 있는 벽돌 SS는 L로, 연속으로 누운 벽돌 LL은 S로 바꾸어 주는 것입니다."

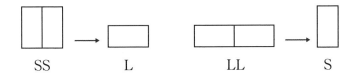

SS   L   LL   S

성문지기의 말을 듣던 허수아비가 성문지기의 말을 끊고 그림을 그리며 물었다.

"잠깐만요. 그럼 벽돌들이 이렇게 놓여 있으면 어떻게 하지요?"

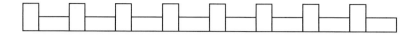

허수아비가 성문지기에게 보여 준 그림은 벽돌들이 서 있고 누워 있기를 반복한 것이었다. 그림을 본 성문지기가 말했다.

"이 문제에서 주의해야 할 점은 처음에 주어지는 배열이 반드시 줄일 수 있는 것이어야 한다는 것입니다. 즉 허수아비가 그린 것과 같은 배열은 더 이상 줄일 수 없지요. 따라서 처음부터 이런 그림을 주면 안 됩니다."

"그럼 지금 내려는 문제에는 이런 모양이 없겠군요?"

허수아비가 묻자 성문지기가 벽돌이 붙어 있는 그림을 그렸다.

"그렇습니다. 규칙은 아주 간단합니다. 하지만 방법은 아주 여러 가지가 있습니다. 자, 이제 문제를 내겠습니다. 이런 그림의 경우에 앞에서와 같은 방법으로 벽돌을 바꾸어 간다면 맨 마지막에 남는 가장 간단한 모양은 무엇일까요?"

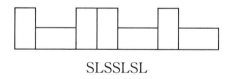

SLSSLSL

성문지기가 낸 문제를 보자 허수아비가 가장 먼저 말했다.

"우선 연속된 벽돌은 SS 하나뿐이므로 SS는 L로 바꾸어야 해. 그러면 벽돌은 7개에서 6개로 줄고 SLLLSL이 돼."

"어? 여기서 LLL이 3개네. 어떻게 하지?"

도로시가 궁금해하자 사자가 말했다.

"이건 어떤 것을 선택하느냐 하는 문제군. 뒤에 있는 두 개의 L을 선택하면 LL은 S이므로 SLSSL이 돼. 다시 SS는 L이므로 결국 SLLL이 돼."

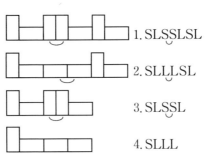

1. SLSSLSL

2. SLLLSL

3. SLSSL

4. SLLL

"또 L이 3개인데, 이번에도 뒤에 것을 선택하면 어떻게 되지?"

도로시가 묻자 사자가 뒤에 있는 2개의 LL을 S로 바꾸고 말했다.

"SLLL에서 뒤의 LL을 S로 바꾸면 SLS가 되네. 그럼 이게 에메랄드 성으로 들어가는 열쇠인가?"

사자의 말에 곰곰이 생각하던 허수아비가 말했다.

"아니야. 우리가 잘못 선택했어. 가장 간단한 모양으로 만들기 위해서는 다른 선택을 해야 해."

허수아비의 말에 모두들 다시 생각하기 시작했다. 얼마 지나지 않아서 허수아비가 말했다.

"이렇게 하면 S 하나만 남게 돼. 그렇다면 답은 S야."

허수아비가 말하자 도로시가 물었다.

"어떻게 했지?"

"세워 놓은 벽돌과 눕혀 놓은 벽돌의 배열은 SLSSLSL이야. 그러면 그림에서와 같이 첫 번째 단계에서는 2개의 연속되는 SS를 L로 바꾸면 SLLLSL을 얻지. 다시 연속된 3개의 LLL 중에서 앞의 2개를 S로 바꾸면 SSLSL이 되지. 이와 같은 방법을 계속해 가면 마지막으로 S, 즉 세워 놓은 벽돌 하나만 남게 돼."

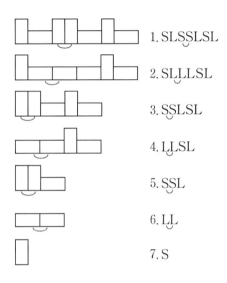

1. SLSSLSL

2. SLLLSL

3. SSLSL

4. LLSL

5. SSL

6. LL

7. S

허수아비가 구한 결과를 성문지기에게 알려 주었다. 그러자 그가 말했다.

"맞습니다. 하지만 오즈님를 만나려면 이보다 더 어려운 문제를 풀어야 할 것입니다. 어쨌든 들어가도 좋습니다."

성문지기가 육중한 성문을 천천히 열었다. 성문 안으로 들어서니 천장이 높고 둥근 방이 나왔다. 그 방의 벽에는 헤아릴 수 없이 많은 에메랄드가 박혀 있었다. 그 방을 지나가려고 하자 성문지기가 말했다.

"여러분이 오즈님을 만날 수 있도록 제가 안내할 것입니다. 하지만 그 전에 먼저 안경을 써야만 합니다."

"왜 그렇죠?"

"만약 안경을 쓰지 않으면 에메랄드 시의 눈부신 광채 때문에 눈이 멀게 됩니다. 이 도시에 사는 사람들은 밤이나 낮이나 항상 초록색 안경을 씁니다. 그리고 그 안경은 처음 이 도시가 건설될 때부터 오즈님의 명령에 따라 열쇠로 잠겨 있습니다. 오직 저 혼자만 그 안경을 풀 수 있는 열쇠를 가지고 있습니다."

성문지기가 옆구리에 차고 다니던 상자에는 온갖 모양과 크기의 초록색 안경이 가득 차 있었다. 성문지기는 도로시, 허수아비, 양철나무꾼, 사자 그리고 토토에게 각각 맞는 안경을 찾아 씌워 주었다. 안경에는 황금색 끈이 달려 있었고, 끈 양쪽에 달린 자물쇠는 성문지기가 목에 걸고 있는 열쇠로 열 수 있었다. 그래서 일단 성 안으로 들어가면 안경을 벗을 수 없었다. 도로시 일행은 초록색 안경을 끼고 성문지기의 뒤를 따라 드디어 에메랄드 시의 거리로 들어갔다.

오즈의 마법사를 만나는 열쇠, 정다면체

초록색 보안경을 쓰고 있는데도 도로시와 친구들은 이 놀라운 도시의 휘황찬란한 빛 때문에 잠시 동안 눈을 뜨지 못했다. 거리는 온통 초록색 대리석으로 지어졌고 번쩍이는 에메랄드로 장식을 한 아름다운 집들이 줄지어 서 있었다. 거리에는 수많은 사람들이 걷고 있었다. 그들은 모두 초록색 피부에 초록색 옷을 입고 있었다. 거리에는 많은 가게들이 있었는데 가게에 진열되어 있는 물건들도 모두 초록색이었다. 그런데 건물과 가게에 진열된 모든 물건은 정삼각형, 정사각형, 정오각형 모양이었다.

성문지기는 거리를 지나 커다란 건물 앞으로 그들을 인도했다. 도시의 한가운데에 위치한 이 건물이 바로 오즈의 궁전이었다. 궁전 앞에는 초록색 군복을 입고 초록색 수염을 기른 병사 한 명이 서 있었다. 성

문지기가 그에게 다가갔다.

"이 사람들은 위대한 마법사 오즈님을 만나기 위해 에메랄드 시에 온 여행자들입니다."

"저를 따라 안으로 들어오십시오."

초록색 수염을 기른 병사가 말했다. 병사는 도로시 일행을 에메랄드가 박힌 멋진 초록색 가구가 놓여 있는 방으로 안내했다. 그들이 모두 자리에 앉자 병사가 정중히 말했다.

"여기서 기다리고 계십시오. 오즈님에게 이 소식을 전하고 오겠습니다."

도로시 일행은 병사가 돌아올 때까지 한참을 기다렸다. 마침내 병사가 돌아오자 도로시는 초조한 듯이 물었다.

"오즈 마법사님을 만나셨나요?"

"아닙니다."

병사가 대답했다.

"저는 지금까지 오즈님을 직접 뵌 적이 없습니다. 다만 커튼 뒤에 앉아 계신 마법사님께 여러분의 말씀을 전할 뿐입니다. 오즈님께서는 여러분의 접견을 허락하셨습니다. 그렇지만 한 번에 한 분씩만 만나실 것입니다. 가장 먼저 도로시 아가씨를 만날 것입니다. 그런데 도로시 아가씨에게 이 세상에 정다면체가 몇 개인지 대답하라고 하셨습니다. 아가씨가 이 문제를 맞혀야 다른 사람들도 만나겠다고 하셨습니다."

"정다면체요?"

도로시는 정다면체라는 말을 처음 들었다. 하지만 오즈의 마법사가 수학을 좋아한다고 들었기 때문에 분명 수학과 관련이 있을 것 같다고 생각했다.

"그렇습니다. 과연 이 세상에 어떤 정다면체가 존재하는지 도로시 아가씨가 알면 만나 주시겠다고 합니다."

양철나무꾼은 병사의 말을 듣고 정다면체에 대하여 도로시에게 설명했다.

"정다면체는 한 가지 종류의 정다각형으로만 이루어져 있으며, 꼭짓점마다 같은 개수의 면이 모인 입체도형이야."

"뭐라고 하는지 잘 모르겠어."

도로시가 양철나무꾼의 설명을 어려워하자 양철나무꾼은 오른쪽 가슴에 있는 작은 문 속에서 물건을 하나 꺼내며 말했다.

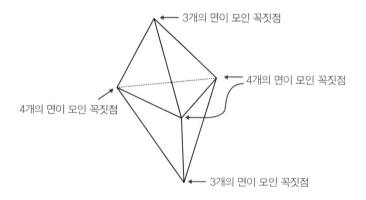

"정다면체는 입체도형이야. 다각형이 모여 입체도형이 되려면 한 꼭짓점에 면이 3개 이상 모여야 해. 한 꼭짓점에 2개만 모이면 서로 달라붙어서 공간을 만들지 못하기 때문이야. 이걸 봐. 이 도형은 정삼각형

으로만 만들어졌지만 어떤 꼭짓점에는 3개의 면이, 또 어떤 꼭짓점에는 4개의 면이 모여 만들어졌지. 이 도형은 정삼각형 한 가지로 이루어져 있지만 꼭짓점마다 모인 면의 개수가 다르기 때문에 정다면체가 아니야."

이번에는 허수아비가 자기 모자 속에 손을 넣더니 주사위를 꺼냈다.

"이 주사위를 잘 봐. 이 주사위는 각 면이 모두 똑같은 크기의 정사각형이야. 각 꼭짓점에 정사각형이 3개씩 모여 있지. 이것을 바로 정육면체라고 불러."

"정사각형으로 다른 정다면체도 만들 수 있어?"

"그건 안 돼. 정사각형의 한 각이 90도이기 때문에 정사각형으로 다른 정다면체를 만들 수 없어. 한 꼭짓점에 정사각형이 4개 모이면 360도가 돼. 즉 평면이 되어 입체도형이 생길 수 없지. 그래서 정사각형으로 만들 수 있는 정다면체는 정육면체 한 가지뿐이야."

허수아비의 설명이 끝나자 도로시는 정다면체에 대하여 조금 알 것 같기도 했다. 하지만 아직도 정다면체에 대하여 정확하게 이해하지는 못했다.

"그럼 다른 정다각형으로 만들 수 있는 정다면체는 어떤 것들이 있어?"

도로시의 질문에 양철나무꾼이 오른쪽 가슴의 작은 문을 열고 손을 넣어 정삼각형 3개를 꺼냈다. 양철나무꾼은 정삼각형 3개를 한 꼭짓점에 모으며 말했다.

"정삼각형으로 만들어진 정다면체를 알려 줄게. 먼저 이렇게 한 꼭짓점에 정삼각형 3개를 모을 수 있어. 그리고 바닥에 비어 있는 쪽을 봐. 이 빈 곳만 막으면 가장 간단한 모양의 입체도형이 생기지. 이 입체도형은 면이 모두 4개이고 한 꼭짓점에 3개의 정삼각형이 모여 있어. 보통 정다면체는 면의 개수에 따라 이름을 정해. 그래서 이 입체도형의 이름은 정사면체야."

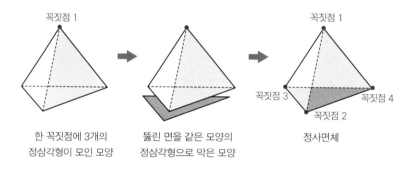

꼭짓점 1

한 꼭짓점에 3개의
정삼각형이 모인 모양

뚫린 면을 같은 모양의
정삼각형으로 막은 모양

꼭짓점 1

꼭짓점 3   꼭짓점 4
      꼭짓점 2
      정사면체

양철나무꾼은 다시 작은 문 안으로 손을 넣어 정삼각형 하나를 더 꺼냈다. 이번에는 정삼각형 4개를 한 꼭짓점에 모으며 말했다.

"이번에는 한 꼭짓점에 4개의 정삼각형을 모아 볼게. 3개를 붙였을 때보다 면이 1개 늘어나기 때문에 조금 더 벌려서 붙여야 해. 이렇게 한 꼭짓점에 4개의 정삼각형을 모으고 밑면을 보면 정사각형 모양이 돼. 정다면체는 한 종류의 정다각형만을 사용해야 하기 때문에 밑면을 정사각형으로 막으면 그냥 사각뿔이 되지. 하지만 4개의 정삼각형을 모은 모양과 똑같은 것을 하나 더 만들어 밑면에 붙이면 이렇게 정삼각형으로만 만든 입체도형이 되지."

양철나무꾼은 정삼각형 4개로 만든 똑같은 두 개의 도형을 맞붙이

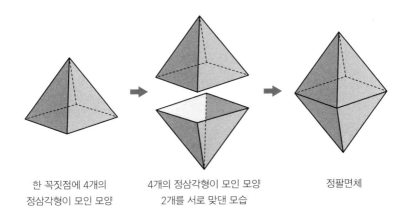

한 꼭짓점에 4개의
정삼각형이 모인 모양

4개의 정삼각형이 모인 모양
2개를 서로 맞댄 모습

정팔면체

며 말했다.

"이렇게 되면 꼭짓점은 모두 6개고, 꼭짓점마다 4개의 면이 모인 정다면체가 만들어져. 면의 개수가 모두 8개이므로 이 정다면체를 정팔면체라고 해."

"그럼 한 꼭짓점에 5개의 정삼각형을 붙여서도 정다면체를 만들 수 있어?"

도로시가 묻자 이번에는 허수아비가 말했다.

"그럼. 이번에는 정삼각형을 3개나 4개 모을 때보다 더 많이 벌려야 해. 그러면 납작한 모양으로 오각 지붕이 만들어져. 이 오각 지붕의 밑면을 정오각형으로 막으면 오각뿔이 만들어질 뿐 정다면체는 아니야. 또 오각 지붕 2개를 붙여도 정다면체가 되지 않아. 왜냐하면 모두 정삼각형으로 만들어졌지만 꼭짓점마다 모인 면의 개수가 다르기 때문이지. 즉 2개의 꼭짓점에는 5개의 면이 모이지만 나머지 꼭짓점에는 모인 면이 4개뿐이야."

"그럼 어떻게 하지?"

도로시가 물었다. 그러자 양철나무꾼이 말했다.

"모든 꼭짓점에 똑같은 개수의 정삼각형이 모여야 정다면체가 돼. 꼭짓점 1에는 이미 5개의 정삼각형이 모여 있어. 그럼 다른 꼭짓점에도 5개의 정삼각형을 모아야 해. 먼저 꼭짓점 2에 3개의 정삼각형을 붙여 볼까? 그러면 꼭짓점 2에는 면이 5개씩 모이지. 이런 식으로 꼭짓점마다 면을 2개씩 이어 붙이면 이렇게 되지."

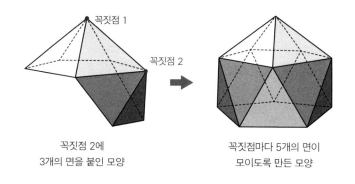

꼭짓점 2에
3개의 면을 붙인 모양

꼭짓점마다 5개의 면이
모이도록 만든 모양

양철나무꾼은 자신의 가슴에서 몇 개의 정삼각형을 꺼내어 밑면이 정오각형으로 뚫린 도형을 완성했다.

"이제 아래쪽은 처음에 만들었던 것과 같이 정오각형 모양이 됐어. 이곳을 처음에 만들었던 오각 지붕 모양으로 막으면 돼. 그러면 모든 꼭짓점에 면이 5개씩 모인 정다면체가 되지. 면의 개수를 모두 세어 봐."

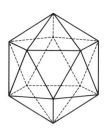

"하나, 둘, 셋…… 스물. 와! 모두 20개의 면이 있어. 그럼 이것은 정

이십면체야."

"그렇지."

"그럼 한 꼭짓점에 6개의 정삼각형을 모으면 다시 정다면체를 만들 수 있겠네?"

도로시가 묻자 양철나무꾼이 말했다.

"아니야. 정삼각형의 한 내각의 크기는 60도야. 그래서 한 꼭짓점에 6개가 모이면 360도가 되지. 그런데 360도면 평면이 되므로 입체도형이 되질 않아. 결국 정삼각형이 한 꼭짓점에 3개, 4개, 5개씩 모일 때에만 정다면체가 만들어져. 그래서 정삼각형으로 만들어진 정다면체는 정사면체, 정팔면체, 정이십면체, 3가지뿐이야."

양철나무꾼이 설명하자 도로시가 말했다.

"그럼 처음에 정육면체까지 모두 4개의 정다면체가 있어?"

도로시의 질문에 허수아비가 자기의 모자에서 여러 개의 정오각형을 꺼내 서로 붙이며 말했다.

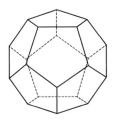

"하나가 더 있지. 바로 정오각형을 이용하는 것이야. 정오각형으로 만들어지는 정다면체는 한 꼭짓점에 정오각형이 3개씩 모인 모양만 만들 수 있어. 정오각형으로 만드는 정다면체에는 이렇게 12개의 정오각형이 필요해. 그리고 이렇게 만들어진 정다면체를 정십이면체라고 해."

허수아비의 이야기가 끝나자 옆에서 듣고 있던 사자가 말했다.

"지금까지 설명한 것처럼 정다면체는 정사면체, 정육면체, 정팔면체,

정십이면체, 정이십면체, 5가지뿐이지."

사자의 말을 듣고 나서 도로시는 병사에게 물었다.

"그런데 오즈님은 왜 제가 정다면체를 알아야 한다고 하셨을까요?"

"오즈님은 수학을 매우 중요하게 생각하십니다. 특히 정다면체를 좋아하시지요. 에메랄드 시의 모든 건물과 물건은 이 정다면체를 이용하여 만들어졌습니다. 그래서 정다면체에 대하여 알고 있어야 마법사님과 이야기가 통할 것이라고 생각하신 것 같습니다."

초록색 수염을 기른 병사의 말이 끝나자 허수아비가 도로시에게 말했다.

"정다면체는 모양에 따라 물, 불, 흙, 공기 그리고 우주를 의미하기도 해. 가볍고 날카로운 느낌의 불은 정사면체, 안정된 느낌의 흙은 정육면체, 날아다니듯 방향을 쉽게 바꾸는 공기는 정팔면체, 물은 흘러야 하므로 가장 둥글게 보이는 정이십면체를 의미하지. 그리고 이 4개

의 물질로 이루어진 우주는 정십이면체를 의미해. 그래서 모든 정다면체가 모이면 이 세상의 어떤 물건이든지 만들 수 있어. 아마도 그래서 오즈의 마법사는 정다면체를 중요하게 생각하고 있는 것 같아."

허수아비의 설명을 모두 듣고 도로시는 병사에게 말했다.

"이제 정다면체에 대하여 알겠어요. 저를 오즈의 마법사님께 데려다 주세요."

병사는 도로시와 함께 오즈에게 가기 위하여 일행이 있는 방을 나갔다.

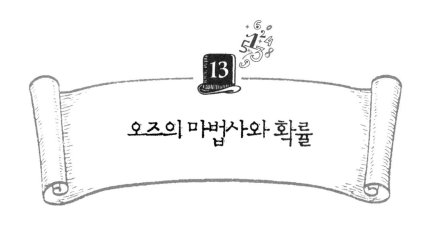

오즈의 마법사와 확률

도로시는 병사의 뒤를 따라 왕실 앞에 도착했다. 초록색 수염을 기른 병사가 왕실 문을 열어 주자 도로시는 씩씩하게 안으로 들어갔다. 높고 둥근 지붕이 씌워져 있는 커다랗고 호화로운 방의 벽과 천장, 마루에는 한 치의 틈도 없이 달걀만 한 에메랄드가 촘촘하게 박혀 있었다.

하지만 무엇보다도 도로시의 관심을 끈 것은 방 한가운데에 놓인 커다란 초록색의 대리석 왕좌였다. 그 의자의 한가운데에는 거대한 머리가 놓여 있었는데 팔이나 다리나 몸통은 보이지 않았다. 머리카락은 한 올도 없었지만 눈과 코를 가진 이 머리는 이 세상 어떤 거인의 머리보다 훨씬 더 큰 것 같았다. 도로시는 두려움과 놀라움으로 이 머리를 가만히 바라보았다. 그때 이 거대한 머리가 천천히 눈을 뜨더니 차가운

눈빛으로 도로시를 노려보며 말했다.

"나는 위대하고 무서운 마법사 오즈다. 네가 도로시냐?"

"예."

"내가 냈던 문제인 정다면체에 대하여 말해 보아라."

"정다면체에는 정사면제, 정육면체, 정팔면체, 정십이면체, 정이십면체, 모두 5개가 있어요."

"그렇다. 잘 맞췄구나."

커다란 머리는 도로시를 훑어보더니 은 구두를 신고 있는 것을 발견했다.

"네가 신고 있는 은 구두는 어디서 났느냐?"

"동쪽 나라의 나쁜 마녀에게서 얻었습니다. 제가 타고 온 디멘션 캡슐이 마녀의 몸 위에 떨어지면서 마녀를 죽이고 말았습니다."

"그럼 네 이마에 있는 표시는 무엇이냐?"

"이것은 북쪽의 착한 마녀가 저를 이곳으로 보내며 작별 선물로 입맞춤을 해 준 것입니다."

"그런데 왜 나를 찾아왔느냐?"

"저는 원래 캔자스가 고향입니다. 그런데 디멘션 캡슐을 타고 이곳에 오게 됐습니다. 이곳이 아름답기는 하지만 저는 고향으로 돌아가고 싶습니다. 오즈님께서는 저를 캔자스로 돌려보내 주실 수 있으신가요?"

"왜 내가 너를 도와주어야 하지?"

"당신은 위대한 마법사고 저는 힘없는 어린 소녀니까요."

"하지만 너는 이미 동쪽 마녀를 죽였다. 또 강력한 힘을 지닌 은 구두를 신고 있지 않느냐!"

"그건 그냥 우연히 일어난 일이었어요."

"그럴 확률은 아주 작다. 그건 마치 네가 번개에 맞을 확률과 같아."

"예?"

마법사의 말에 도로시는 고개를 갸웃거렸다.

"무슨 말씀인가요?"

"네가 번개에 맞을 확률은 약 $\dfrac{1}{500000}$ 이야. 또 네가 우연히 나쁜 마녀를 죽일 확률도 이와 같지. 이 정도 확률이면 거의 일어나지 않는 일이란다. 즉, 네가 우연히 나쁜 마녀를 죽인 것은 아니라는 거야."

"저는 확률이 무엇인지 잘 몰라요."

"이런! 확률을 잘 모른다면 내가 설명해 주마."

도로시는 오즈의 마법사가 수학을 설명해 준다는 말에 신기한 듯 거대한 얼굴을 바라보았다.

"너는 경우의 수를 아느냐?"

"예. 경우의 수는 여기까지 오는 동안 사자가 가르쳐 줬어요."

"그럼 비와 비율은?"

"그것도 허수아비가 알려 줬어요."

"그러면 됐다. 이제 내가 확률에 대하여 알려 주마."

도로시를 처음 만났을 때와는 달리 확률을 설명하는 오즈의 목소리는 매우 친절했다. 거대한 얼굴의 마법사는 입에서 동전 하나를 뱉으며 말했다.

"자, 여기 동전이 있다. 먼저 이 동전을 20번 던져서 그림 면이 나온 경우의 수와 30번 던져서 그림 면이 나온 경우의 수를 구하여 이 표를 완성해 보아라."

마법사의 말이 끝나자 도로시 앞에 표가 그려진 종이가 어디선가 날아왔다. 도로시는 마법사가 뱉은 동전을 던지기 시작했다. 20번 던졌을 때와 30번 던졌을 때 그림 면이 나오는 횟수를 마법사가 준 표에 채워 넣었다. 그림 면은 20번 던졌을 때 10번, 30번 던졌을 때 15번이 나왔다. 도로시가 표를 완성하자 마법사가 말했다.

던진 횟수	20회	30회
그림 면이 나온 횟수	10	15
(그림 면이 나온 횟수)/(던진 횟수)	$\dfrac{10}{20}$	$\dfrac{15}{30}$

"동전을 던질 때 나오는 면은 그림 면과 숫자가 적힌 면 2가지 경우다. 또 그림 면이 나오는 경우는 1가지고, 숫자가 적힌 면이 나오는 경우도 1가지다. 그래서 동전을 던질 때 그림 면이 나오는 경우의 수의 비율은 $\dfrac{1}{2}$이다. 이처럼 모든 경우의 수에 대하여 어떤 사건이 일어날 경우의 수의 비율을 '확률'이라고 한다. 즉, 확률은 어떤 일이 일어나는 가능성을 말해 주는 것이다. 가능성이 높으면 그 일이 자주 일어나고, 가능성이 낮으면 그 일이 적게 일어나는 것이지. 그렇다고 실제로 확률대로 일어나는 것은 아니다. 이를테면 일기예보에서 '비 올 확률은 70%입니다.'라고 했다면 비 올 확률은 70%고, 비가 오지 않을 확률은

30%이므로 비가 올 가능성이 매우 높은 것이다. 그렇다고 해서 반드시 비가 오는 것은 아니다. 확률이 70%지만 비가 오지 않을 수도 있지. 즉, 확률은 일이 일어날 가능성이 그 정도라는 뜻이다. 이제 확률에 대하여 알겠느냐?"

"예. 결국 확률은 모든 경우의 수에 대한 어떤 사건이 일어날 경우의 수의 비율이군요. 따라서 확률을 구하려면 먼저 경우의 수가 얼마인지 알아내서 이렇게 구하면 되겠네요."

$$(\text{확률}) = \frac{(\text{어떤 사건이 일어날 경우의 수})}{(\text{모든 경우의 수})}$$

도로시는 종이에 확률을 구하는 공식을 써서 마법사에게 보여 주었다. 그러자 마법사가 흐뭇한 표정으로 도로시를 바라보며 말했다.

"확률에 대하여 다시 한 번 간단히 알아보자. 주사위를 던지면 1, 2, 3, 4, 5, 6의 눈 중 하나가 나온다. 예를 들어 3이 나왔다고 한다면 모두 6가지 중 1가지가 나온 것이지. 즉 6가지 중 1가지이므로 $\frac{1}{6}$과 같이 나타낼 수 있어. 주사위를 아주 여러 번 던졌을 때 3이 나오는 횟수를 조사하여,

$$\frac{(\text{3의 눈이 나온 경우의 수})}{(\text{눈이 나온 모든 경우의 수})}$$

와 같이 나타낼 때 이 분수는 일정한 수 $\frac{1}{6}$에 가까워진다. 다른 눈이 나오는 경우도 마찬가지지. 따라서 우리는 주사위를 던질 때 '3의 눈이

나올 가능성은 $\frac{1}{6}$이다.'라고 생각할 수 있다. 이와 마찬가지로 주사위를 던질 때 1, 2, 4, 5, 6의 눈이 나올 가능성도 각각 $\frac{1}{6}$이라고 할 수 있어. 일반적으로 어떤 시행에서 일어날 수 있는 모든 경우의 수가 n이고 각각의 경우가 일어날 가능성이 같다고 할 때, 어떤 사건 A가 일어날 수 있는 경우의 수가 a이면 사건 A가 일어날 확률 p는 이렇단다."

$$p = \frac{(\text{사건 A가 일어날 경우의 수})}{(\text{모든 경우의 수})} = \frac{a}{n}$$

"그럼 (모든 경우의 수)와 (어떤 사건이 일어나는 경우의 수)가 같으면 확률은 1이네요."

"그렇지. 그래서 확률은 모든 경우가 일어나면 1이고 아무 일도 일어나지 않으면 0이야. 즉, 확률은 0보다 크거나 같고 1보다 작거나 같지."

"그렇군요."

"이번에는 동전 2개를 동시에 던질 때 하나는 그림 면, 다른 하나는 숫자 면이 나올 확률을 구해 보거라."

"먼저 동전 2개를 던질 때 나올 수 있는 모든 경우는 다음과 같습니다.

(그림 면, 숫자 면), (그림 면, 그림 면),
(숫자 면, 그림 면), (숫자 면, 숫자 면)

그래서 모든 경우의 수는 4입니다. 그리고 하나는 그림 면, 다른 하나는 숫자 면이 나오는 경우는 (그림 면, 숫자 면), (숫자 면, 그림 면)의 2가지입니다. 따라서 구하는 확률은 $\frac{2}{4} = \frac{1}{2}$입니다."

"잘하는구나. 우리 주변에서 확률을 이용하는 곳은 매우 많단다. 그 가운데 몇 가지 예를 들어 주지."

마법사는 도로시가 확률을 잘 이해했다고 생각했는지 생활 속 확률의 예를 알려 주기 시작했다.

"예를 들어 네가 학교에서 시험을 보았다고 하자. 그런데 모르는 문제가 있었어. 아무리 생각해도 문제를 풀 수 없게 되자 너는 5개의 보기 중에서 답을 찍기로 했지. 과연 너는 답을 맞혔을까?"

"글쎄요? 그것도 확률로 알아볼 수 있나요?"

"공부를 많이 해도 막상 시험을 볼 때는 답이 헷갈리기도 하고, 답을 몰라 끙끙거릴 때도 있지. 그럴 때 너는 답을 몰라도 찍어 맞힐 수 있을 거라는 기대를 할 거야. 정말 답을 하나도 모르는 수학 문제를 아무렇게나 답을 찍었을 때 맞힐 수 있는 확률은 얼마나 될까?

5개의 보기가 있는 문제에 대하여 찍어서 정답을 맞힐 확률은,

$$(\text{정답을 맞힐 확률}) = \frac{(\text{정답의 경우의 수})}{(\text{모든 경우의 수})} = \frac{1}{5}$$

이고, 맞히지 못할 확률은 $1 - \frac{1}{5} = \frac{4}{5}$이다. 그런데 모르는 문제가 모두 5개라면 어떨까? 5문제를 모두 동시에 맞혀야 하므로 정답을 맞힐 확률 $\frac{1}{5}$을 5번 곱해야 한다. 왜냐하면 1번, 2번, 3번, 4번, 5번을 모두

연속해서 맞혀야 하고 각 문제를 맞힐 확률이 $\frac{1}{5}$이기 때문이지. 따라서 5문제 모두 맞힐 확률은 $\frac{1}{5} \times \frac{1}{5} \times \frac{1}{5} \times \frac{1}{5} \times \frac{1}{5} = \frac{1}{3125}$이다. 조금 다르게 표현하면 3125명 중에서 1명만이 찍어서 5문제를 모두 맞힐 수 있다는 것이다. 역시 공부를 하지 않고 찍어서 좋은 성적을 얻을 수는 없다는 것을 확률로도 알 수 있지."

"그렇군요. 앞으로는 찍지 않도록 열심히 공부할게요."

"이번에는 너와 내가 가위바위보를 할 때, 네가 이길 확률을 구해 보자. 너와 내가 가위바위보를 했을 때 두 사람이 낼 수 있는 모든 경우의 수는 얼마인지 아느냐?"

"그럼요. 그건 지난번에 사자에게 배웠거든요. 이 경우는 모두 9가지입니다."

"옳지! 이제 각 경우의 확률을 구해 보거라."

마법사가 도로시에게 가위바위보에서 도로시가 이길 확률을 구하라고 하자 도로시는 각 경우를 나누어 확률을 구하기 시작했다.

"마법사가 이기는 경우를 (마법사, 도로시)로 나타내면 (가위, 보), (바위, 가위), (보, 바위)입니다. 따라서 확률은 $\frac{3}{9} = \frac{1}{3}$입니다.

마법사가 지는 경우를 (마법사, 도로시)로 나타내면 (가위, 바위), (바위, 보), (보, 가위)입니다. 따라서 확률은 $\frac{3}{9} = \frac{1}{3}$입니다.

마법사와 제가 비기는 경우 (마법사, 도로시)를 앞에서와 마찬가지로 나타내면 (가위, 가위), (바위, 바위), (보, 보)입니다. 따라서 확률은 $\frac{3}{9} = \frac{1}{3}$입니다. 그러므로 마법사님과 제가 가위바위보를 했을 때 제가 마법사님을 이길 확률은 $\frac{1}{3}$입니다."

"하하하, 대단하구나. 이제 확률에 대하여 알겠느냐?"

"확률에 대하여 자세히 알려 주셔서 감사합니다. 그런데 제가 나쁜 마녀를 우연히 죽일 확률이 번개에 맞을 확률과 같은 $\frac{1}{500000}$ 이라고 하셨죠? 이건 어떻게 구할 수 있지요?"

"이건 조금 어렵지만 잘 들어 봐라. 오즈 나라의 인구밀도는 한 변의 길이가 1km인 정사각형 안에 486명이고, 우리나라 땅의 전체 넓이는 100,210km²이다. 그런데 우리나라는 1년에 약 100번 정도의 번개가 치기 때문에 이 정사각형 안에 번개가 떨어질 확률은 $\frac{100}{100210}$ 이다. 이 것을 소수로 나타내면 약 0.00099이다. 그런데 이 정사각형 안에 486명이 살고 있으므로 그중에 1명이 번개에 맞을 확률은 $\frac{0.00099}{486}$ 이다. 그리고 이걸 계산하면 약 0.000002이지. 즉, $0.000002 = \frac{2}{1000000}$ 이고 $\frac{2}{1000000} = \frac{1}{500000}$ 이다. 그래서 네가 번개에 맞을 확률은 약 50만 분의 1이란다. 이 정도 확률이면 네가 번개에 맞는 일은 일어나지 않는다는 뜻이다."

마법사가 설명한 확률에 의하면 도로시가 나쁜 마녀를 죽인 것은 우연히 일어난 것이 아니었다. 그래서 마법사는 도로시가 강력한 마법을 지녔다고 생각한 것이다.

"서쪽의 나쁜 마녀를 죽이면 너를 캔자스로 보내 주마."

"전 못해요."

"하지만 너는 이미 동쪽 나라의 나쁜 마녀를 죽였다. 이제 이 나라에 남아 있는 나쁜 마녀는 오직 하나뿐이다. 서쪽 마녀를 죽이거든 다시 찾아와서 너를 캔자스로 돌려보내 달라고 부탁하여라. 그전까지는 절대

안 된다."

마법사의 단호한 말에 가엾은 도로시는 훌쩍훌쩍 울며 왕실을 나왔다. 그리고 친구들이 기다리고 있는 방으로 갔다. 그들은 오즈가 어떤 대답을 했을지 궁금해하며 도로시를 기다리고 있었다.

울면서 나타난 도로시를 위로하고자 친구들은 활쏘기를 하자고 했다. 도로시는 6개의 화살을 쏘아 모두 표적에 맞혔다. 과녁의 점수가 그림과 같이 1, 3, 5, 7, 9일 때 다음 숫자 중 도로시의 점수가 될 수 있는 것은?

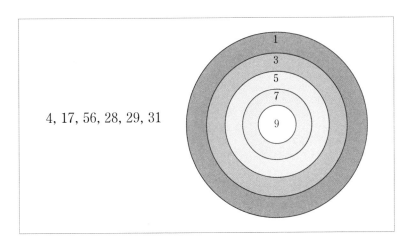

4, 17, 56, 28, 29, 31

답

점수는 홀수 6개를 더한 값이므로 짝수이고 최소 1×6=6, 최대 9×6=54 사이에 있다. 이것을 만족하는 점수는 28뿐이다.

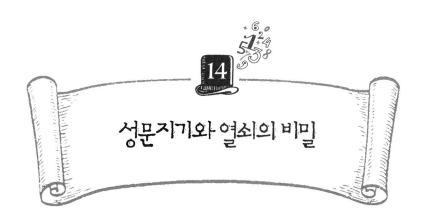

성문지기와 열쇠의 비밀

친구들은 울면서 들어온 도로시 주위에 몰려들었고, 도로시로부터 오즈의 마법사가 서쪽 마녀를 죽여야 캔자스로 돌려보내 준다고 했다는 설명을 들었다. 친구들은 도로시를 어떻게 달랠지 몰라 우물쭈물했다. 다음은 허수아비 차례였다.

허수아비가 병사를 따라갔다가 잠시 후 돌아왔다. 허수아비가 만난 오즈의 마법사는 세상에서 가장 아름다운 선녀의 모습을 하고 있었다. 허수아비는 떨리는 목소리로 이 아름다운 오즈의 마법사에게 뇌를 달라고 부탁했다. 하지만 오즈의 마법사는 허수아비에게 서쪽의 나쁜 마녀를 처치하고 돌아오면 뇌를 주겠다고 약속했다.

허수아비 다음으로 오즈의 마법사를 만난 건 양철나무꾼이었다. 양철나무꾼이 만난 오즈의 마법사는 거의 코끼리만큼이나 거대한 괴물이었다. 괴물은 코뿔소와 같은 머리와 다섯 개의 눈이 박힌 얼굴을 갖고 있었다. 그리고 몸에는 다섯 개의 가느다란 팔과 다리가 길게 뻗어 나와 있었다. 양철나무꾼은 오즈의 마법사에게 심장을 달라고 부탁했고 오즈의 마법사는 역시나 서쪽 마녀를 처치하고 오면 주겠다고 말했다.

마지막으로 오즈의 마법사를 만난 것은 사자였다. 방 안으로 들어간 사자는 맹렬하게 불타고 있는 붉은 공을 보고 깜짝 놀랐다. 사자가 놀라서 꼼짝 못하고 있자 마법사는 사자가 온 이유를 물었고, 사자는 용기를 달라고 부탁했다. 오즈의 마법사는 다른 친구들에게 말했던 것과 마찬가지로 서쪽 마녀를 처치하고 오면 용기를 주겠다고 했다.

마법사는 모두에게 한결같이 서쪽의 나쁜 마녀를 처치하고 오면 소원을 들어주겠다고 한 것이다. 이야기를 모두 들은 뒤에 도로시가 힘없이 말했다.

"이제 우리는 어떻게 하지?"

"우리가 할 일은 오직 한 가지뿐이야. 서쪽 나라로 가서 나쁜 마녀를 찾아내는 거지. 그리고 나쁜 마녀를 없애 버리는 거야."

사자가 말했다. 그래서 도로시 일행은 다음 날 아침에 길을 떠나기로 결정했다. 양철나무꾼은 초록색 숫돌에 도끼를 날카롭게 갈고 연결 나사에 기름을 치며 만반의 준비를 했다. 허수아비도 1자 모양의 지푸라기를 새로 채워 넣고 도로시의 도움을 받아 눈을 다시 그려 넣었다. 덕분에 훨씬 잘 볼 수 있게 됐다. 사자도 발톱과 갈기를 깨끗하게 다듬었다. 초록색 옷을 입은 하녀는 친절하게도 도로시의 바구니에 먹을 것

을 가득 채워 주었다.

다음 날 아침이 되자, 도로시 일행은 마지막 남은 나쁜 마녀를 만나기 위해 여행을 떠났다. 초록색 수염을 기른 병사가 에메랄드 시의 거리를 지나 성문지기가 살고 있는 곳까지 일행을 안내해 주었다. 도로시 일행은 성문지기에게 쓰고 있는 안경을 벗겨 달라고 부탁했다. 그러자 성문지기가 말했다.

"조금만 기다리세요. 우선 각자의 자물쇠에 맞는 열쇠를 찾아야 해요."

성문지기는 목에 걸고 있는 열쇠 꾸러미에서 각자의 자물쇠를 열 수 있는 열쇠를 찾기 시작했다. 도로시는 성문지기가 목에 걸고 있는 열쇠 꾸러미에, 조금씩 모양이 다른 열쇠들이 많이 달려 있는 것을 발견했다.

"이렇게 많은 열쇠가 모두 다른 모양을 하고 있나요?"

"그렇습니다. 열쇠의 한쪽은 손잡이 부분이고 다른 한쪽은 들쭉날쭉하게 홈이 파인 부분이 이어져 있지요. 그래서 모두 다른 모양을 가지고 있습니다."

"그런 열쇠들은 어떻게 만드나요?"

도로시의 물음에 성문지기는 열쇠 찾기를 잠시 멈추고 열쇠 꾸러미에 있는 많은 열쇠 중에서 하나를 보여 주며 설명하기 시작했다.

"열쇠가 어떻게 만들어지는지 알려면 수학이 필요합니다. 이 열쇠의 긴 막대기 끝 부분의 높낮이에 따라 각각 1, 2, 3으로 번호를 붙여 볼까요? 즉, 가장 높은 부분을 1, 중간 높이를 2, 가장 낮은 높이를 3이라고 합시다. 그리고 높낮이만 생각하여 이 열쇠를 123이라고 할 수 있습니다."

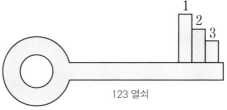

123 열쇠

"123이라고요? 열쇠에 번호를 붙이시네요."

도로시가 묻자 성문지기는 또 다른 열쇠를 하나 보여 주며 말했다.

"예. 열쇠에 고유 번호를 부여하는 것입니다. 이를테면 이 열쇠는 방금 보여 주었던 123 열쇠와는 높낮이의 순서가 다르지요. 이것은 213 열쇠라고 할 수 있습니다."

"그렇군요. 그럼 1, 2, 3을 어떻게 배열하느냐에 따라서 서로 다른 열쇠가 되겠군요."

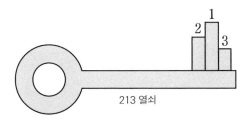

213 열쇠

"그렇습니다. 만약 이 열쇠와 같이 세 부분만 이용해서 높낮이가 모두 다른 열쇠를 만든다면 서로 다른 열쇠를 몇 가지나 만들 수 있을까요?"

"결국은 경우의 수를 구하는 것이네요?"

"그렇습니다. 대신에 번거롭게 열쇠를 모두 그리지 않아도 됩니다. 그냥 번호만 중복되지 않게 늘어놓으면 되지요. 하지만 이해를 돕기 위해서 그림을 그려서 설명하겠습니다."

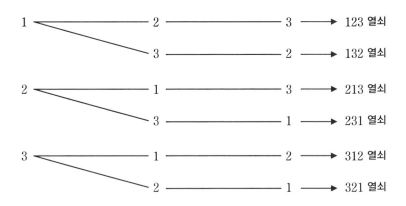

성문지기는 각 부분의 높이를 다르게 할 모든 경우를 그림으로 그려서 설명했다.

"여기서 알 수 있듯이 모두 다른 높낮이를 가진 열쇠는 6가지를 만들 수 있습니다. 열쇠의 첫 번째 부분에서는 3가지의 높이를 선택할 수 있어요. 두 번째 부분에서는 각 부분의 높이가 모두 달라야 하기 때문에 첫 번째 부분에서 선택한 것을 제외한 2가지를 택할 수 있어요. 그리고 마지막 부분에서는 1가지밖에 선택할 수 없게 됩니다. 따라서 이 경우의 수는 모두 $3 \times 2 \times 1 = 6$입니다."

"그럼 높낮이가 같은 경우도 만들 수 있다면 어떻게 되나요?"

도로시가 물었다.

"그 경우는 세 부분 각각 3가지씩 선택할 수 있으므로 $3 \times 3 \times 3 = 27$개의 서로 다른 열쇠를 만들 수 있습니다."

성문지기는 도로시에게 새로운 열쇠를 보여 주며 물었다. 성문지기가 보여 준 새로운 열쇠는 높낮이를 선택할 수 있는 부분이 4곳이었다.

"이 열쇠처럼 4부분을 이용하여 열쇠를 만드는데, 높낮이를 4가지로 하고 높이를 모두 다르게 만들려고 한다면 서로 다른 열쇠는 과연 몇 가지나 만들 수 있을까요? 참, 먼젓번과 마찬가지로 이 열쇠는 1234 열쇠라고 합니다."

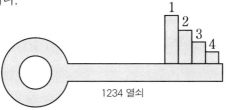

1234 열쇠

"이 경우에도 앞에서와 마찬가지로 첫 번째 선택할 수 있는 높낮이의 가짓수가 4가지, 다음은 3가지, 또 그다음은 2가지 그리고 마지막은 1가지이기 때문에 $4 \times 3 \times 2 \times 1 = 24$가지예요."

도로시가 정확하게 서로 다른 열쇠의 가짓수를 맞히자 성문지기가 또 물었다.

"그럼 높낮이가 같은 것이 있을 수 있도록 하면 몇 가지일까요?"

"이 경우는 각 부분에 모두 4가지를 정할 수 있으므로 $4 \times 4 \times 4 \times 4 = 256$가지예요."

"그럼 조금 더 복잡한 열쇠를 만들어 볼까요? 이 열쇠와 같이 4부분을 이용한 열쇠를 만들 때 높낮이의 가짓수를 1, 2, 3의 3가지로 합니다. 거기에 같은 높이는 연속해서 나오지 않도록 만들려면 모두 몇 가지일까요?"

성문지기의 물음에 도로시는 곰곰이 생각하더니 그림을 그리기 시작했다.

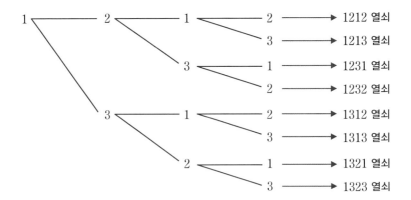

"예를 들어 첫 번째 높낮이를 1로 하면 두 번째는 2 또는 3이 되겠지요. 두 번째를 2라고 하면 세 번째는 다시 1 또는 3이 됩니다. 만약 세 번째가 1이면 네 번째는 다시 2 또는 3이 돼요. 결국 이것은 세 숫자 1, 2, 3으로 네 자리 숫자를 만들 때 같은 숫자가 연속해서 나오지 않는 경우의 수를 구하는 것과 같아요. 제가 그린 그림에서 첫 번째 부분의 1을 각각 2와 3으로 놓고 똑같이 구하면 되므로 모두 24가지가 있어요."

"어려운 문제를 참 잘 풀었습니다."

성문지기가 도로시의 풀이에 고개를 끄덕였다. 그런데 도로시는 뭔가 고민하는 듯하더니 다시 성문지기에게 물었다.

"그런데 열쇠의 종류가 24가지뿐이면 너무 적은 것 아닌가요? 몇 번 만에 자물쇠를 열 수 있다면 자물쇠를 채워 놓는 의미가 없을 것 같아요."

"높낮이를 조절할 수 있는 부분이 적으면 그렇습니다. 그런데 보통 열쇠는 12부분으로 나뉘어 있습니다. 그리고 각각의 부분은 아가씨가 했던 것처럼 3가지 종류의 높낮이를 가지고 있으며 같은 높낮이를 허용합니다."

"12부분이나요? 어휴! 그럼 모두 몇 가지인 거죠?"

"각 부분의 높낮이가 3가지이고 그런 것이 모두 12개 있으므로 3을 12번 곱한 결과와 같습니다. 즉 $3 \times 3 \times 3 \times 3 \times 3 \times 3 \times 3 \times 3 \times 3 \times 3 \times 3 \times 3 = 531441$가지의 서로 다른 열쇠를 만들 수 있습니다."

"그렇다면 안심이네요."

열쇠에 관해 설명을 마친 성문지기는 도로시 일행이 쓰고 있던 안경의 자물쇠를 풀기 시작했다. 각자에게 맞는 열쇠로 안경의 자물쇠를 풀어야 했기 때문에 성문지기는 모두 5개의 서로 다른 열쇠를 이용했다.

서쪽 마녀와 분수의 덧셈

도로시 일행은 에메랄드 시를 출발하여 서쪽으로 이틀 동안 걸어갔다. 서쪽 마녀는 마법으로 이미 도로시 일행이 자신을 찾아오는 것을 알고 있었다. 마녀는 도로시 일행이 자신의 성에 오지 못하도록 여러 가지 방법으로 방해를 했지만 그때마다 실패했다. 그래서 마녀는 마지막으로 중대한 결정을 내렸다. 마녀의 선반 위에는 황금으로 만든 모자가 있었다. 다이아몬드와 루비가 빙 둘러서 박혀 있는 이 모자에는 엄청난 마법이 숨어 있었다. 이 모자를 가진 사람은 누구나 날개 달린 원숭이를 3번 불러낼 수 있었다.

나쁜 마녀는 이미 2번이나 모자의 마법을 사용했다. 첫 번째는 이 나라에 사는 사람들인 시리즈들을 노예로 만들 때였고, 두 번째는 위대한 마법사 오즈와 싸워서 그를 서쪽 나라 밖으로 몰아낼 때였다. 그래서 이제 황금 모자를 사용할 수 있는 기회는 한 번뿐이었다. 황금 모자를 쓰고 주문을 외우자 마법이 힘을 발휘하기 시작했다. 하늘이 순식간에 어두워지더니 곧 수많은 날개 달린 원숭이들이 마녀 앞에 나타났다. 원숭이 중에서 가장 몸집이 커다란 우두머리 원숭이가 마녀에게 가까이 날아왔다.

"이번이 마지막입니다. 명령을 내리십시오."

"내 땅에 들어온 저 낯선 놈들을 사자만 빼고 모두 죽여라."

나쁜 마녀가 날개 달린 원숭이에게 명령했다.

"사자는 내게 데리고 오너라. 저놈을 말처럼 길들여서 일을 시켜야겠다."

"분부대로 하겠습니다."

우두머리 원숭이가 말했다. 그리고 날개 달린 원숭이들은 시끄럽고 요란한 소리를 내며 도로시 일행이 있는 곳으로 날아갔다.

먼저 양철나무꾼을 붙잡은 원숭이들은 뾰족뾰족한 바위가 깔린 계곡 위로 날아갔다. 그리고 양철나무꾼을 높은 하늘에서 떨어뜨렸다. 바위에 온몸을 부딪치고 찌그러진 나무꾼은 신음조차 내지 못하고 쓰러졌다. 다른 원숭이들은 허수아비를 붙잡아서 긴 손가락으로 그의 몸과 머릿속에 든 지푸라기를 모두 끄집어냈다. 또 다른 원숭이들은 튼튼한 밧줄을 던져 사자를 붙잡아 꽁꽁 묶었다. 그리고 사자를 번쩍 들어서 마녀의 성으로 데리고 갔다. 하지만 도로시에게는 전혀 손을 댈 수가 없었다. 도로시의 이마에 찍힌 착한 마녀의 입맞춤 자국 때문이었다. 도로시는 토토를 품에 꼭 안은 채 친구들이 당하는 광경을 울면서 지

켜보고만 있었다.

"이 어린 소녀는 착한 마녀의 보호를 받고 있어. 그
래서 우리가 할 수 있는 일은 이 소녀를 나쁜 마녀
의 성으로 데리고 가는 것뿐이다."

날개 달린 원숭이는 도로시를 나쁜 마녀에게 데리
고 갔다. 나쁜 마녀는 도로시의 이마에 있는 표시를 보고 깜짝 놀랐다.
자신도 도로시를 해칠 수 없기 때문이었다. 게다가 도로시는 동쪽 마
녀의 은 구두를 신고 있었다. 마녀는 그 은두구에 얼마나 무시무시한
마법이 숨겨져 있는지 알고 있었기 때문에 덜컥 겁이 났다. 처음에 마
녀는 도로시를 피해 당장 달아나 버릴까 생각했다. 하지만 도로시의 천
진난만한 눈빛을 보고 이 소녀가 은 구두의 마법에 대해서 아무것도
모르고 있다는 사실을 알아차렸다. 나쁜 마녀는 속으로 생각했다.

'그렇다면 저 꼬마를 내 노예로 삼아야겠다. 그리고 기회를 엿봐서
저 은 구두를 빼앗아야지.'

마녀는 도로시를 향해 심술궂고 사나운 목소리로 말했다.

"너는 이제 나의 노예다. 내가 시키는 일을 해야 한다."

도로시는 성 안에 있는 수많은 방을 청소하고 부엌에서 설거지까지
했다. 또 장작을 지펴 불을 피우기도 했다. 도로시는 순순히 명령에 따

라 일을 했다. 도로시가 일하는 동안 마녀는 마당으로 나가 겁쟁이 사자를 가두어 놓은 우리로 갔다. 사자가 끄는 마차를 몰고 다닐 생각을 하며 흐뭇해했지만 사자는 마녀가 다가오기만 하면 으르렁거리며 맹렬하게 덤벼들었다.

도로시와 사자가 마녀의 성에 붙잡혀 온 뒤 며칠이 지났다. 그날도 도로시는 마녀가 시킨 대로 이 방, 저 방을 청소하고 있었다. 도로시는 마녀의 침실 선반 위를 청소하다가 오래된 상자 하나를 발견했다. 그 상자에는 커다란 자물쇠가 채워져 있었고, 자물쇠 위에는 다음과 같은 문제가 적혀 있었다.

> 서쪽 마녀 퇴치법이 들어 있습니다. 자물쇠를 열려면 정답이 필요합니다.
>
> $$\frac{1}{4}+\left(\frac{1}{4}\times\frac{1}{4}\right)+\left(\frac{1}{4}\times\frac{1}{4}\times\frac{1}{4}\right)+\left(\frac{1}{4}\times\frac{1}{4}\times\frac{1}{4}\times\frac{1}{4}\right)+$$
> $$\left(\frac{1}{4}\times\frac{1}{4}\times\frac{1}{4}\times\frac{1}{4}\times\frac{1}{4}\right)+\cdots=?$$

순간 도로시는 상자 속에 나쁜 마녀를 처치할 수 있는 방법이 들어 있다는 것을 깨달았다. 하지만 도로시는 이 문제를 어떻게 풀어야 할지 알 수가 없었다. 도로시는 마녀가 졸고 있는 틈을 타서 상자를 가지고 마당의 우리에 갇혀 있는 사자에게 갔다.

"이 문제를 풀면 마녀를 없앨 수 있어. 그런데 나는 이 문제가 너무 어려워서 풀 수 없어."

사자는 도로시가 가져온 상자와 그 위에 적혀 있는 문제를 보며 말했다.

"허수아비가 있으면 쉽게 해결할 수 있었을 텐데."

사자가 한숨을 내쉬며 말했다. 도로시는 문제에서 3개의 점이 찍힌 것이 무슨 뜻인지 알 수 없었다.

"이 문제의 끝에 있는 점 3개인 '…'은 어떻게 하라는 거지?"

"그건 앞의 방법과 같은 방법으로 계속하라는 뜻이야. 이 문제는 첫 번째에 $\frac{1}{4}$, 두 번째는 처음 $\frac{1}{4}$에 $\frac{1}{4}$을 곱하고, 세 번째는 두 번째에 다시 $\frac{1}{4}$을 곱하는 것이야. 그러니 3개의 점 '…'은 전 단계의 결과에 $\frac{1}{4}$을 곱하여 그것을 모두 더하라는 뜻이야."

"어휴, 난 그냥 분수 곱셈도 어려운데 덧셈까지! 그것도 끝없이 계속하라니? 역시 마녀를 처치하기는 쉽지 않구나."

"허수아비라면 어떻게 했을까 생각해 보자."

사자의 말에 도로시는 곰곰이 고민해 보았다.

"허수아비라면 이렇게 어려운 수학 문제는 그림을 그려서 풀었을 것 같아. 허수아비는 어려운 계산식이 나오면 그림을 그려서 풀라고 말했어."

"그림으로 풀라고? 그럼 처음은 전체의 $\frac{1}{4}$이고 그다음은 $\frac{1}{4}$의 $\frac{1}{4}$이니까⋯⋯."

사자가 여기까지 말하자 도로시가 무엇인가 생각난 듯 말했다.

"알았다! 잘 봐. 큰 정삼각형의 넓이를 1이라고 할 때, 이것을 똑같은 크기의 정삼각형 4개로 나누면 그 하나의 넓이는 $\frac{1}{4}$이지. 즉, 이 그림에서는 색칠한 큰 정삼각형이야."

도로시는 자기의 생각을 그림으로 나타내기 위하여 큰 정삼각형 하나를 그렸다. 그리고 똑같은 크기 4개로 나누었다. 도로시는 나누어진 4개의 정삼각형 중에서 왼쪽 밑에 있는 정삼각형에 색칠을 하며 사자에게 말했다.

"그러니까 사자 네 말대로 처음은 전체의 $\frac{1}{4}$이고 그다음은 $\frac{1}{4}$의 $\frac{1}{4}$이니까 그림으로 나타내면 이렇게 돼."

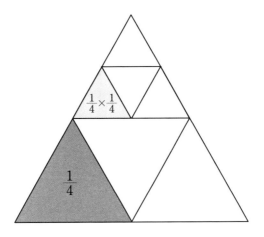

도로시는 먼저 그린 정삼각형 그림에서 색칠된 $\frac{1}{4}$ 정삼각형 위에 있는 정삼각형을 다시 4개로 나누어 그중에서 왼쪽 아래에 있는 정삼각형에 색을 칠하며 말했다.

"그러니까 $\frac{1}{4} \times \frac{1}{4}$은 이 그림의 4개의 정삼각형 중 하나를 택하여 다시 작은 정삼각형 4개로 나눈 것 중 하나의 넓이야."

"그럼 $\frac{1}{4} \times \frac{1}{4} \times \frac{1}{4}$은 이 그림에서 위의 작은 정삼각형을 다시 4개로 나눈 것 중에서 하나의 넓이로구나."

사자가 도로시의 말을 이해했다는 듯이 말했다. 그런데 어찌나 크게 말했던지 하마터면 마녀가 잠에서 깰 뻔했다. 도로시가 다시 숨죽여 조용히 말했다.

"그래. 그런 방법으로 계속해 가면서 상자 위의 문제에 있는 식을 모두 표시하면 이런 그림이 돼."

도로시는 마지막으로 그림을 완성했다.

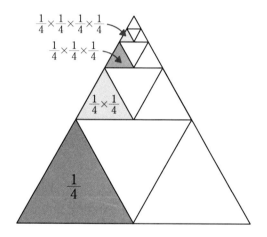

"그럼 이 그림에서 색칠된 부분의 넓이를 모두 더하면 되겠네."

사자가 말하자 도로시가 고개를 끄덕이며 말했다.

"맞아. 그리고 이 그림에서 볼 수 있듯이 색칠은 전체 정삼각형 중에서 정확히 $\frac{1}{3}$ 만 칠해지겠지. 그러니 상자에 있는 문제의 답은 $\frac{1}{3}$ 이야."

도로시는 상자에 있는 문제의 답을 적었다.

$$\frac{1}{4} + \left(\frac{1}{4} \times \frac{1}{4}\right) + \left(\frac{1}{4} \times \frac{1}{4} \times \frac{1}{4}\right) + \left(\frac{1}{4} \times \frac{1}{4} \times \frac{1}{4} \times \frac{1}{4}\right) +$$

$$\left(\frac{1}{4}\times\frac{1}{4}\times\frac{1}{4}\times\frac{1}{4}\times\frac{1}{4}\right)+\cdots=\frac{1}{3}$$

도로시가 문제의 답을 적자 상자의 자물쇠가 풀리며 뚜껑이 자동으로 열렸다. 상자 안에는 작은 쪽지가 있었고, 그 쪽지에는 이렇게 적혀 있었다.

"물!"

도로시가 이 쪽지를 보고 외쳤다.

"그렇다면 마녀를 처치할 수 있는 것은 물이라는 말이네. 당장 마녀를 찾아가야지."

도로시는 양동이에 물을 가득 담아서 마녀가 졸고 있는 방으로 갔다. 도로시는 졸고 있는 마녀에게 물을 쏟아부었다. 마녀는 머리부터 발끝까지 물을 흠뻑 뒤집어쓰고 말았다. 마녀는 갑자기 공포에 가득 찬 비명을 지르기 시작했다. 도로시는 조금 놀랐지만 침착하게 마녀를 바라보았다. 마녀는 점점 몸이 줄어들면서 서서히 녹아 없어지고 있었다.

"어떻게 내 비밀을 알았지?"

"당신 방에 있는 상자의 자물쇠를 열었어요."

"그건 아무나 풀 수 없는 아주 어려운 수학 문제였는데. 지금까지 그 문제를 푼 사람은 아무도 없었어. 난 곧 녹아 없어질 거야. 이제 네가 이 성의 주인이 되겠구나. 난 평생토록 나쁜 짓만 해 왔지. 하지만 너처럼 어린아이의 손에 녹아 없어지게 될 줄은 꿈에도 몰랐다."

이 말을 남긴 채 마녀는 아무런 형체도 없는 갈색 액체로 변해 버렸다. 마녀가 완전히 녹아 버린 것을 본 도로시는 다시 양동이에 물을 담아다가 이 갈색 액체 위에 퍼부었다. 마녀가 녹은 물이 완전히 씻겨 나가자 도로시는 서둘러 사자가 갇혀 있는 우리로 달려갔다. 사자는 나쁜 마녀가 물에 녹아 버렸다는 말을 듣고 뛸 듯이 기뻐했다. 도로시는 우리를 열고 사자를 풀어 주었다.

16

친구들의 생명을 구한
도로시와 회전체

사자와 도로시는 마녀의 성으로 들어갔다. 그 성에는 시리즈라는 노란색 피부를 가진 사람들이 마녀의 노예로 살고 있었다. 도로시는 시리즈들에게 마녀가 죽었기 때문에 그들이 자유의 몸이 됐다는 사실을 알려 주었다. 시리즈들은 환호성을 지르며 좋아서 어쩔 줄을 몰라 했다. 오랜 세월 동안 그들은 나쁜 마녀를 위해 밤낮으로 일을 해야만 했다. 게다가 나쁜 마녀는 언제나 아주 잔인한 방법으로 그들을 괴롭혔다.

시리즈들은 마녀의 노예에서 해방된 날을 기념하며 축제를 벌였다. 도로시는 그들을 나쁜 마녀에게서 해방시켜 준 은인이었다. 시리즈들은 도로시와 사자에게 도로시를 위해서라면 기꺼이 무슨 일이든 다 하겠다며 자신들이 도와줄 일이 있으면 말하라고 했다. 도로시는 시리즈들의 말을 듣고 허수아비와 양철나무꾼을 구해 달라고 부탁했다.

시리즈들은 양철나무꾼이 떨어진 곳으로 갔다. 양철나무꾼은 온몸이 찌그러지고 휘어져 있었고, 도끼는 가까운 곳에 떨어져 있었다. 시리즈들은 양철나무꾼을 조심스럽게 성으로 옮겼다. 성에 도착하자 도로시는 시리즈들에게 물었다.

"혹시 여러분 중에 땜장이나 대장장이가 있나요?"

"물론 있고말고요. 아주 솜씨 좋은 땜장이와 대장장이가 있어요."

"그럼 그분들을 성으로 불러 주세요."

얼마 후 땜장이와 대장장이가 성에 도착하자 도로시는 그들에게 부탁했다.

"이 찌그러진 양철나무꾼을 다시 펴 주시고 구부러진 곳은 똑바로 해 주실 수 있나요?"

땜장이와 대장장이는 양철나무꾼을 조심스럽게 살펴보았다. 양철나무꾼을 살펴보던 대장장이가 말했다.

"양철나무꾼의 몸은 둥글둥글한 게 회전체로 이루어져 있군요. 회전체의 성질을 잘 이용하면 다시 전처럼 멀쩡하게 고칠 수 있겠어요."

"회전체라고요?"

"그렇습니다. 양철나무꾼의 몸통과 얼굴은 커다란 원기둥이고 머리는 원뿔이네요. 또 다리와 팔도 모두 원기둥으로 되어 있군요. 이것들은 모두 회전체입니다."

"저는 회전체가 무엇인지 잘 몰라요."

"회전체를 잘 모르신다고요?"

"예."

도로시가 대장장이 시리즈에게 나지막이 대답했다. 그러자 대장장이 시리즈가 말했다.

"직사각형, 직각삼각형 모양의 종이를 나무젓가락에 붙여서 돌리면 어떻게 될까요?"

시리즈의 질문에 도로시는 잠시 생각하더니 말했다.

"그야 직사각형 모양의 종이는 위와 아래에 원이 만들어지고 옆면은 곡면이 되는 원기둥이 되겠지요."

"맞습니다. 직각삼각형 모양의 종이를 돌려 보면 아래에 원이 만들어지고 옆면은 곡면이 되는 원뿔 모양이 만들어집니다."

대장장이는 자신의 공구함을 열어 나무젓가락과 직사각형과 직각삼각형 모양을 꺼냈다. 그리고 직사각형과 직각삼각형을 나무젓가락에 붙여서 돌려 보였다. 그러자 도로시와 대장장이가 말한 원기둥과 원뿔이 만들어졌다.

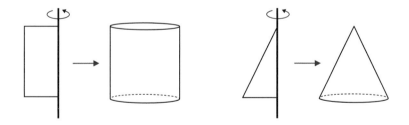

"이렇게 직사각형이나 직각삼각형과 같은 평면도형을, 한 직선을 축으로 하여 1회전해서 얻어지는 입체도형을 회전체라고 합니다. 이때 축으로 사용한 직선을 회전축이라고 하지요."

대장장이가 설명하자 도로시가 말했다.

"그럼 원기둥과 원뿔은 모두 회전체라고 말할 수 있군요?"

"그렇습니다."

그러자 도로시와 대장장이의 대화를 옆에서 듣고 있던 땜장이 시리즈가 말했다.

"축구공, 농구공, 구슬, 동그란 사탕 등 우리 주변에서 찾아볼 수 있는 공 모양은 셀 수 없이 많지요. 이런 공 모양 역시 회전체랍니다."

"공도 회전체라고요?"

땜장이의 말에 도로시가 되물었다.

"그렇습니다. 반원의 지름을 회전축으로 하여 1회전한 회전체를 구라고 합니다. 반원의 중심은 구의 중심이 되고, 반원의 반지름은 구의 반지름이 되지요."

설명을 마친 땜장이도 자신의 공구함에서 나무젓가락과 반원 모양을 꺼냈다. 그리고 대장장이가 했던 것과 마찬가지로 반원을 나무젓가락에 붙여서 돌렸다. 그러자 둥근 공 모양의 구가 만들어졌다.

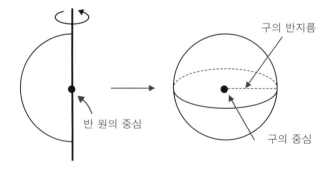

"그럼 회전체에는 원기둥, 원뿔 그리고 구, 이렇게 3가지만 있나요?"

도로시가 묻자 대장장이 시리즈가 다시 말했다.

"아닙니다. 회전체는 아주 다양합니다. 여러 가지 평면도형을 돌리면 다양한 모양의 회전체가 만들어져요. 이렇게 만들어진 회전체는 회전축을 중심으로 좌우가 대칭이 됩니다. 그리고 위에서 본 모양은 모두 원 모양을 하고 있답니다. 제가 다양한 회전체를 만들어 보이지요."

대장장이는 말을 마치고 자신의 공구함을 열더니 여러 가지 모양의 평면도형을 꺼냈다. 그리고 그것들 각각을 나무젓가락에 붙여서 회전시켰다. 그때마다 다양한 모양의 회전체가 만들어졌다.

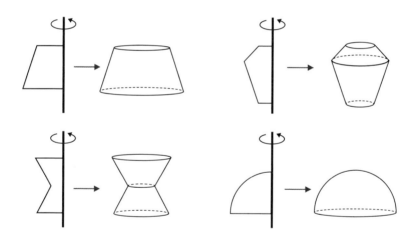

"정말 신기하군요. 이런 것들이 모두 회전체였군요."

도로시도 재미있어 하며 나무젓가락을 이용하여 여러 가지 평면도형으로 회전체를 만들었다. 그러더니 갑자기 대장장이 시리즈에게 질문했다.

"그런데 도넛도 회전체인가요?"

"그럼요. 도넛, 튜브, 두루마리 화장지, 병처럼 속이 비어 있는 회전체도 있습니다."

"그럼 그런 회전체는 어떻게 만들 수 있나요?"

"이런 회전체는 평면도형을 회전축과 떨어뜨려서 1회전하면 만들어집니다. 도넛 모양의 회전체는 원을 회전축과 떨어뜨려서 1회전하면 만들어지고, 화장지 모양의 회전체는 직사각형을 회전축에서 떨어뜨려서 1회전하면 만들어지지요."

대장장이 시리즈는 다시 자신의 공구함에서 회전체를 만드는 데 필요한 도구를 꺼냈다. 그는 원을 나무젓가락에서 떨어뜨려서 회전시켰다. 그런데 신기하게도 원은 떨어지거나 튀어나가지 않고 그대로 나무젓가락인 회전축에 매달린 듯 회전하여 도넛 모양을 만들었다. 또 직사각형도 마찬가지로 회전하니 떨어지지 않고 두루마리 화장지 모양을 만들었다.

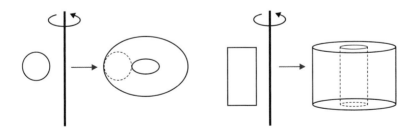

도로시는 대장장이 시리즈가 만드는 회전체를 신기한 듯 바라보다가 말했다.

"그럼 회전축으로부터 평면도형이 멀리 떨어져 있을수록 비어 있는 부분이 커지겠군요?"

"그렇습니다. 그래서 회전축에서 얼만큼 떨어져 있는가에 따라 가운데 빈 부분의 크기가 정해집니다."

"지금까지 알려 준 것이 회전체에 대한 모든 것인가요?"

"아닙니다. 또 다른 많은 성질들이 있지만 양철나무꾼을 다시 회복시키기 위해 필요한 한 가지 성질만 더 알려 드리지요."

대장장이 시리즈의 말에 도로시는 어떤 것이 더 필요할지 곰곰이 생각해 봤지만 도무지 떠오르지 않았다.

"또 다른 성질에는 어떤 것이 있나요?"

도로시의 질문에 다시 땜장이 시리즈가 말했다.

"바로 회전체의 단면에 관한 것입니다."

"단면이라고요? 잘라 내는 것을 말하는 건가요?"

"그렇습니다. 회전체는 3가지 다른 방법으로 자를 수 있습니다. 첫 번째는 회전축을 품은 평면으로 자르는 경우, 두 번째는 회전축과 수직인 평면으로 자르는 경우 그리고 마지막으로는 그 외의 방향으로 자르는 경우입니다. 이 3가지 방법으로 원기둥을 자르면 자른 면은 어떤 모양이 될까요?"

땜장이 시리즈의 질문에 도로시는 곰곰이 생각해 보았다.

"회전체를 자르면 자른 면은 원 모양이 아닐까요?"

도로시가 대답을 하자 땜장이 시리즈가 미소를 지으며 말했다.

"모두 원 모양인 것은 아닙니다. 직접 잘라 볼까요?"

땜장이 시리즈는 다시 자신의 공구함을 열더니 칼과 원기둥 세 개를 꺼냈다.

"원기둥을 3가지 방법으로 잘라 볼게요. 먼저 원기둥을 회전축을 품은 평면으로 자르면 그 단면은 직사각형이 됩니다. 회전축에 수직인 평면으로 자른 단면은 원이 되지요. 그러나 그 외의 방향으로 자른 단면은 타원이 됩니다."

땜장이 시리즈는 회전체의 단면을 설명하며 3개의 원기둥을 각각의 경우에 맞게 잘라 도로시에게 그 단면의 모양을 보여 주었다.

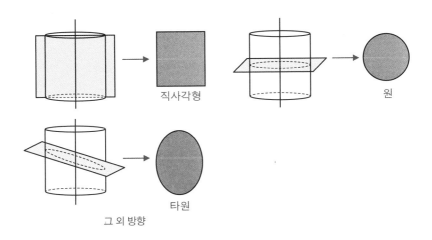

시리즈가 보여 준 원기둥의 단면을 보고 도로시는 원뿔을 잘랐을 때의 단면을 상상해 보았다.

"그럼 원뿔을 잘랐을 때는 삼각형과 원, 타원 모양이 되겠군요."

"그렇습니다. 그런데 어느 방향으로 잘라도 항상 원이 나오는 회전체가 있습니다. 그것은 무엇일까요?"

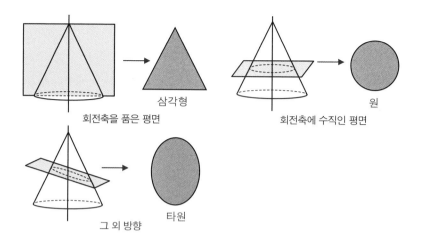

회전축을 품은 평면　　삼각형

회전축에 수직인 평면　　원

그 외 방향　　타원

"어느 방향으로 잘라도 항상 원이 되는 회전체라고요?"

도로시는 대장장이 시리즈의 물음에 다시 곰곰이 생각에 잠겼다. 그
러더니 마침내 알아낸 듯 자신 있게 말했다.

"그건 구예요. 이것 보세요. 구는 어느 방향으로 잘라도 항상 단면은

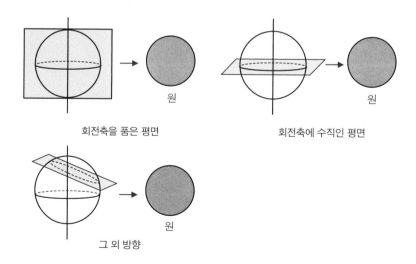

회전축을 품은 평면　　원

회전축에 수직인 평면　　원

그 외 방향　　원

원이네요."

"그렇습니다. 이제 양철나무꾼을 다시 전
처럼 만드는 데 필요한 회전체의 성질
을 모두 알았으니 본격적으로 작업
을 시작해 볼까요?"

대장장이와 땜장이는 양철나무꾼을 위해 회전체를 만들기도 하고,
만든 회전체를 적당히 자르기도 하며 양철나무꾼의 몸을 점점 회복시
켰다. 3일 밤낮으로 두들기고 펴고 구부리고 담금질을 하여 윤을 내고
몸에 머리와 팔과 다리를 연결했다. 그랬더니 신기할 정도로 예전과 똑
같은 모습으로 되살아났다. 연결된 각 부분도 매끄럽게 잘 돌아갔다.
마침내 살아난 양철나무꾼은 도로시와 사자에게 인사했다.

"난 영원히 너희를 다시 만나지 못하는 줄 알았어."

"얼마나 걱정했는지 몰라!"

"정말 다행이야."

도로시와 사자도 반갑게 양철나무꾼에게 인사했다. 이제 허수아비
를 살릴 차례였다. 허수아비를 되살리는 데는 양철나무꾼만큼 오래 걸
리지 않았다. 왜냐하면 허수아비는 자루와 지푸라기로 되어 있었기 때

문에 터진 곳은 실과 바늘로 깁고 지푸라기를 채우기만 하면 됐다. 그리고 모두 새로운 1자 모양의 잘 마른 지푸라기로 채워 넣었기 때문에 허수아비는 훨씬 기분이 좋아진 것 같았다.

"모두 안녕?"

허수아비가 인사하자 도로시 일행은 반갑게 허수아비의 손을 잡았다. 마침내 다시 한자리에 모두 모였다. 도로시와 친구들은 시리즈들의 환대를 받으며 나쁜 마녀가 살던 성에서 며칠을 머물렀다. 그러던 어느 날 도로시가 말했다.

"이제 오즈의 마법사에게 돌아가서 약속을 지켜 달라고 말해야겠어."

"그래."

모두 도로시의 말에 동의했다. 다음 날 도로시 일행은 시리즈들에게 작별 인사를 하고 에메랄드 시로 떠나기로 했다. 그런데 시리즈들은 그들을 떠나보내고 싶지 않았다. 특히 양철나무꾼을 너무나 좋아해서 그에게 이곳에 남아서 서쪽 나라를 다스려 달라고 간청했다. 그래서 양철나무꾼은 심장을 얻은 후에 돌아오겠다고 약속했다. 도로시 일행은 다시 에메랄드 시로 향했다.

시리즈들이 회전체로 만든 유리병 안에 사탕을 넣어 놓았다. 사자는 사탕을 먹고 싶었지만 자신의 발로는 코르크 마개를 뺄 수 없었다. 사자가 마개를 빼거나 병을 깨뜨리지 않고 사탕을 꺼낼 수 있을까?

답

마개를 빼지 않고 병 속으로 사탕을 넣은 방법으로, 병 안의 사탕을 꺼낼 수 있다. 그러니까 마개를 빼거나 병을 깨지 않고 사탕을 꺼낼 수 있다.

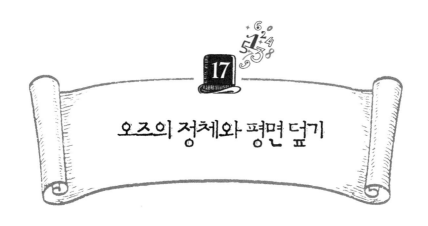

오즈의 정체와 평면 덮기

에메랄드 시로 돌아온 도로시 일행은 오즈의 마법사를 만나기 위해 성으로 갔다. 초록색 수염을 기른 병사는 여전히 왕실에서 보초를 서고 있었다. 병사는 곧장 오즈에게 달려가서 도로시 일행이 서쪽의 나쁜 마녀를 죽이고 돌아왔다는 소식을 전했다. 도로시 일행은 오즈를 만나기 위하여 지난번에 오즈를 만났던 방으로 들어갔다. 그러나 방 안에는 아무도 없었다. 그때 커다란 둥근 천장 꼭대기의 어딘가에서 엄숙한 목소리가 흘러나왔다.

"나는 위대한 마법사 오즈다. 너희는 왜 나를 찾아왔느냐?"

"저희에게 하신 약속을 지켜 달라고 왔습니다. 오즈님."

"그럼 내일 다시 오너라."

"하루도 더 기다릴 수 없어요."

허수아비가 화가 나서 말했다. 양철나무꾼도 허수아비를 거들었다. 사자는 마법사에게 약간 겁을 주는 것이 좋겠다고 생각하고 무시무시한 소리로 힘껏 울부짖었다. 그 소리가 어찌나 크고 사납던지 겁에 질린 토토는 펄쩍 뛰어 달아나다가 한쪽 구석에 서 있는 장막을 쓰러뜨리고 말았다.

장막이 요란한 소리를 내며 쓰러지자 도로시 일행은 일제히 고개를 돌렸다. 그리고 동시에 놀라움으로 가득 찬 탄성을 질렀다. 장막으로 감추어진 곳에 조그맣고 나이 든 남자가 서 있었기 때문이다. 그 남자는 대머리에다 얼굴은 온통 주름투성이였다. 양철나무꾼은 도끼를 높이 치켜들고 그 조그만 남자에게 소리쳤다.

"넌 누구냐?"

"내가 바로 위대한 마법사 오즈요."

조그만 남자가 떨리는 목소리로 대답했다. 도로시 일행은 놀라움과 실망이 가득한 눈길로 남자를 바라보았다.

"사실 나는 마법사가 아니야. 그저 평범한 사람이지."

그 남자는 도로시 일행에게 자신의 이야기를 해 주었다.

"나는 도로시의 고향인 캔자스와 가까운 도시, 오마하에서 태어났어. 나는 서커스단에서 커다란 풍선을 타는 사람이었어. 어느 날 나는 기구를 타고 하늘로 올라갔는데 그때 줄이 끊어져서 다시 밑으로 내려갈 수가 없었지. 기구는 자꾸만 올라가서 구름 위까지 올라갔고, 그곳에서 세찬 바람을 만나 수백km 밖으로 떠밀렸어. 며칠을 떠다니던 기구는 참으로 이상하고 아름다운 나라 위를 날게 됐지. 그 나라가 바로

이 나라였어. 기구는 차츰 바람이 빠져서 땅으로 천천히 내려왔지. 이
곳 사람들은 내가 구름 속에서 내려온 것을 보고 나를 위대한 마법사
라고 생각했어. 그래서 이 나라 사람들이 나를 에메랄드 성의 주인으
로 세웠고, 나는 이곳 사람들을 잘 다스려 왔어. 하지만 동쪽과 서쪽의
나쁜 마녀가 있어서 항상 걱정이었지. 그런데 여러분이 그들을 처치해
주었어! 그러니 나는 약속을 지킬 수밖에 없겠군. 내일 나를 다시 찾아
오면 여러분의 소원을 들어줄게."

　도로시 일행은 자신들이 본 것에 대하여 아무 말도 하지 않기로 약
속하고 그 방을 나왔다. 허수아비는 내일이면 뇌를 갖게 된다는 생각
에 들떴다. 양철나무꾼도 심장을 갖게 된다면 모두를 더 사랑할 수 있
을 것이라며 좋아했다. 사자도 용기를 얻으면 동물의 왕이 되어 무서
울 것이 없어지겠다며 신이 났다. 심지어 도로시조차 이 남자가 자신
을 캔자스로 돌려보내 줄 것이라고 생각했다.

　다음 날 아침 일찍 도로시 일행은 오즈를 다시 찾아갔다. 먼저 오즈
는 허수아비의 머릿속에 핀과 바늘이 뒤섞인 왕겨 주머니를 넣어 주었
다. 그러자 허수아비는 아주 똑똑해진 것 같은 기
분이 들었다. 오즈는 양철나무꾼
의 왼쪽 가슴을 열고 미리 가
져온 예쁜 하트 모양의 심장
을 넣어 주었다. 그 심장은 비
단으로 만들어져 있었고 안
에는 톱밥이 가득 채워져 있

었다. 양철나무꾼은 갑자기 따뜻한 마음씨를 가진 것 같았다. 사자에게는 선반 제일 꼭대기에 놓인 네모난 초록색 병에 들어 있던 액체를 주었다. 사자는 오즈가 준 액체를 모두 마셨다. 그러자 갑자기 의기양양해졌다. 친구들이 각자의 소원을 이루자 도로시는 토토를 안고 오즈에게 다가갔다.

"저를 캔자스로 돌려보내 주세요."

"나는 기구를 타고 이 나라로 왔단다. 그러니 다시 기구를 타면 하늘을 날아 고향으로 돌아갈 수 있을 거야."

"기구가 있나요?"

"없어. 하지만 비단으로 풍선을 만들면 돼. 아교를 사용해서 천 조각을 빈틈없이 붙인 다음 그 안에 따뜻한 공기를 넣으면 기구를 띄울 수 있어. 그걸 타고 돌아가면 돼. 다행히 이 궁전에는 비단이 아주 많아. 다만 이 비단을 빈틈없이 붙이려면 수학의 평면 덮기를 잘 알아야 해."

"평면 덮기라고요?"

"그래. 특히 따뜻한 공기가 새어 나가지 않게 하려면 빈틈없이 만들어야겠지. 그러려면 정육각형 모양으로 비단을 재단해서 붙이는 것이 좋아."

오즈의 설명에 도로시는 고개를 흔들며 말했다.

"집으로 돌아가기 위해서도 수학이 필요하다니, 끝이 없군요. 그런데 왜 정육각형으로 만들어야 하는지 설명해 주세요."

도로시가 오즈에게 묻자 오즈는 그 이유를 설명하기 시작했다.

"평면을 빈틈없이 채우려면 다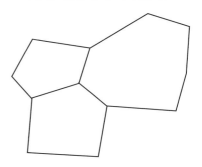
음 그림과 같이 한 꼭짓점에서 적
어도 3개 이상의 다각형이 만나
야 해. 그러나 모양이 각기 다른
다각형으로 하나의 평면을 만드
는 것은 쉽지가 않아. 모양과 크기
가 모두 같은 정다각형으로 평면을 채우기가 가장 간단하지."

"그럼 정다각형이기만 하면 평면을 채울 수 있는 건가요?"

"아니야. 몇 가지의 정다각형만이 평면을 채울 수 있어. 정삼각형의
한 내각의 크기는 $60°$로 한 꼭짓점에 6개의 정삼각형이 모이면 $60°×$
$6=360°$를 이루면서 평면을 채울 수 있어. 정사각형의 한 내각의 크기
는 $90°$로 한 꼭짓점에 4개의 정사각형이 모이면 $90°×4=360°$를 이
루면서 평면을 채울 수 있지. 또 정육각형의 한 내각의 크기는 $120°$로
한 꼭짓점에 3개의 정육각형이 모이면 $120°×3=360°$를 이루면서 평
면을 채울 수 있어."

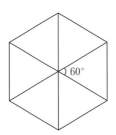
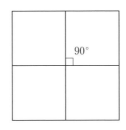
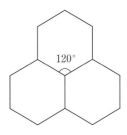

오즈가 정삼각형, 정사각형, 정육각형을 그리면서 이유를 설명했다. 그러자 도로시가 다시 물었다.

"정오각형은 어째서 평면을 덮을 수 없는 건가요?"

"정오각형의 경우, 한 내각의 크기가 $108°$이므로 한 꼭짓점에 3개가 모이면 $108°×3=324°$밖에 되지 않아 평면이 채워지지 않아. 4개가 모이면 $108°×4=432°$가 되어 $360°$를 넘으므로 평면이 아닌 입체가 되지. 또 정칠각형의 경우, 한 내각의 크기가 $\frac{900°}{7}≈128.57°$로 한 꼭 짓점에 3개가 모이면 $\frac{900°}{7}×3=\frac{2700°}{7}≈385.71°$가 되어 $360°$보다 훨씬 크게 돼. 즉, 평면을 만들 수 없어. 정칠각형 이상의 정다각형은 한 꼭짓점에 3개가 모이면 모두 $360°$보다 크기 때문에 평면을 만들 수 없지."

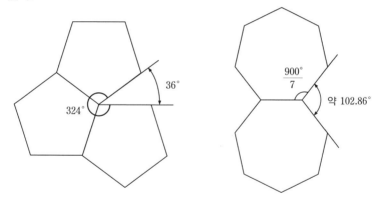

"그러면 평면을 빈틈없이 채울 수 있는 정다각형은 정삼각형, 정사 각형, 정육각형의 3개뿐이군요."

"그렇지. 그런데 여기에 한 가지 조건을 더 생각해야 해. 평면을 덮 을 때 가능한 한 넓은 영역을 차지하기 위해서는 같은 둘레라도 각 도형 안의 넓이가 넓어야 하지."

"그렇다면 3가지의 정다각형 중에서 넓이를 가장 넓게 할 수 있는 도형을 찾아야겠네요."

"그렇지. 예를 들어 길이가 12cm인 철사를 구부려 이 3개의 정다각형을 만든다고 해 보자. 어느 것의 넓이가 가장 넓은지 알아볼까? 먼저 정삼각형, 정사각형, 정육각형의 한 변의 길이를 각각 4cm, 3cm, 2cm라고 할 수 있어. 한 변의 길이가 4cm인 정삼각형의 넓이는 약 $6.928cm^2$이고, 한 변의 길이가 3cm인 정사각형의 넓이는 $9cm^2$, 한 변의 길이가 2cm인 정육각형의 넓이는 약 $10.392cm^2$가 되지. 결국 일정한 길이로 가장 넓은 영역을 만들 수 있는 모양은 정육각형이라는 것을 알 수 있어."

도로시는 오즈의 설명을 듣고 정육각형 모양으로 비단을 재단하여 커다란 풍선을 만드는 것을 상상했다. 하지만 오즈와 도로시 둘이서만 커다란 풍선을 만들기는 쉽지 않았기 때문에 친구들에게 도움을 청하기로 했다. 그래서 허수아비와 양철나무꾼도 비단을 이어 붙이는 작업을 돕기로 했다. 사자와 토토는 손이 없어서 바느질을 할 수 없었기 때문에 옆에서 지켜보기만 했다.

"쪽매맞춤을 하면 훨씬 더 예쁜 풍선을 만들 수 있을 텐데."

양철나무꾼이 말했다.

"쪽매맞춤이라고? 그건 어떻게 하는 거지?"

예쁜 풍선을 만들 수 있다는 말에 도로시는 양철나무꾼에게 빨리 설명해 달라고 눈치를 주었다.

"쪽매맞춤은 평면 덮기의 일종인데, 정다각형 모양만으로 덮는 것이
아니라 다양한 모양을 만들어 덮는 것이야."

"오즈님은 평면을 덮을 수 있는 정다각형은 3가지뿐이라고 했는데."

"맞아. 3가지 정다각형 모양을 이용하여 쪽매맞춤을 할 수 있어."

양철나무꾼은 정삼각형과 정사각형으로 쪽매맞춤을 설명하기 시작
했다.

"정삼각형을 모아 만드는 경우는 정육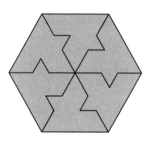
각형을 이용해서 만드는 과정과 비슷해.
정삼각형의 경우에는 그림과 같이 정육각
형 내부에서 그림을 오려 붙인 다음 이들
을 연결하면 완성되지."

양철나무꾼은 오른쪽 가슴의 작은 창에서 색종이를 꺼내며 말했다.

"정사각형을 이용해서 쪽매맞춤을 만들어 볼까? 우선 정사각형 모
양의 색종이 여러 장이 필요해. 원하는 모양을 색종이 아랫부분에서 오
려 낸 후, 그 조각을 윗부분에 붙이는 거야. 이때 오려 낸 그림 조각은
아랫부분에서 오려 낸 부분과 똑같은 위치의 윗부분에 붙여야 해. 오
른쪽과 왼쪽도 같은 방법으로 하면 돼. 원하는 그림을 그린 뒤 오려서
반대쪽에 붙이면 돼."

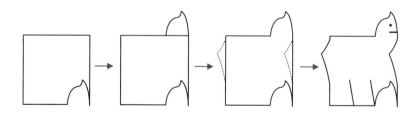

양철나무꾼은 색종이를 여러 장 겹쳐
서 그림과 같이 오려 낸 후에 각각의 위
치에 붙이며 설명을 계속했다.

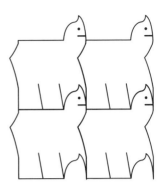

"이런 과정을 되풀이해서 만든 여러
장의 색종이를 서로 겹치지 않게 붙이면
이런 작품이 완성되지."

양철나무꾼은 자기가 만든 쪽매맞춤
을 도로시에게 보여 주었다. 그리고 양철나무꾼은 도로시에게 새로운
색종이를 여러 장 건네며 다른 무늬의 쪽매맞춤을 만들어 보라고 했
다. 도로시는 양철나무꾼이 설명한 차례대로 자신만의 쪽매맞춤을 만
들었다.

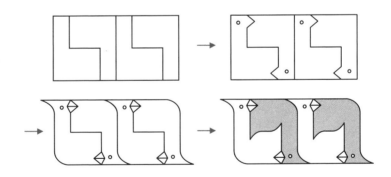

"멋지게 잘 만들었는걸. 마치 백조들 같아. 정사각형을 이용한 쪽
매맞춤과 마찬가지 방법으로 직사각형을 이용할 수도 있어. 이걸 보
라고."

양철나무꾼은 다시 직사각형 모양의 색종이를 준비하여 도로시에

게 보여 주며 말했다.

"2개의 정사각형을 겹치면 직사각형이 되지. 뒤의 정사각형에서 오린 부분을 앞의 정사각형에 덧붙이면 이렇게 돼."

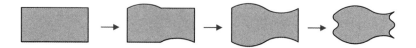

양철나무꾼은 직사각형 모양의 색종이로 만든 것을 보여 주었다. 그러더니 같은 모양을 여러 장 만들었다.

"이 과정을 계속하면 이런 물고기 무늬를 만들 수 있어."

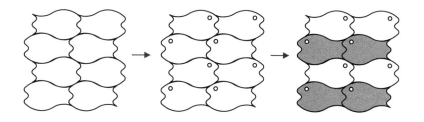

양철나무꾼은 직사각형 모양의 색종이를 이용하여 완성한 쪽매맞춤을 도로시에게 보여 주었다. 도로시는 신기하고 재미있는 듯 바라보았다.

"재미있네. 그런데 우리의 기구는 정육각형을 이용해서 만들어야 해."

도로시가 말하자 양철나무꾼이 정육각형을 이용한 쪽매맞춤을 만들어 보여 주었다.

"정육각형의 경우에도 앞에서 설명한 방법을 따라 만들면 이런 개구리 무늬의 모양을 완성할 수 있어. 귀엽지?"

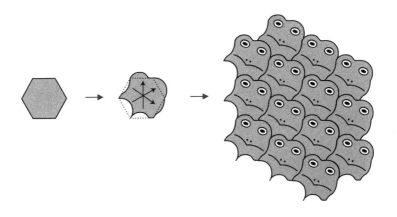

　오즈와 도로시 일행은 평면 덮기와 쪽매맞춤을 이용하여 며칠 동안 열심히 작업한 끝에 커다란 비단 풍선을 완성했다. 오즈는 끈적거리는 아교로 풍선 안쪽을 칠했다. 그리고 초록색 수염을 기른 병사에게 커다란 바구니를 가져오라고 명령했다. 병사가 바구니를 가져오자 오즈는 풍선 바닥과 바구니를 끈으로 연결했다.

　모든 준비가 끝나자 오즈는 백성들에게 구름 위에 사는 다른 마법사 형제를 만나고 오겠다는 전갈을 내렸다. 이 소식은 도시 전체로 퍼져 나갔고 모든 사람들이 이 놀라운 광경을 보기 위해 모여들었다. 오즈는 풍선이 달린 기구를 궁전 앞으로 운반하라고 명령했다. 한편 양철 나무꾼은 장작을 산더미처럼 베어 왔다. 그리고 커다란 장작불을 피웠다. 오즈는 풍선의 바닥을 불 위에 올려놓고 뜨거운 공기가 풍선 안으로 들어가도록 했다. 그러자 풍선이 점차 부풀더니 하늘 위로 떠오르기 시작했다. 이제 바구니가 땅에 닿을락 말락 할 정도로 떠 있었다. 재빨리 바구니에 올라탄 오즈는 백성들을 향해 큰 소리로 말했다.

　"이제 나는 여행을 떠나노라. 내가 없는 동안 허수아비가 너희를 다스릴 것이다. 나에게 복종했듯이 그의 말에 복종할 것을 명하노라."

그사이 풍선은 서서히 공중으로 떠올라 땅에 붙들어 매 놓은 밧줄이 팽팽하게 당겨질 정도가 됐다. 풍선 안에는 가벼워진 더운 공기가 가득 들어 있었기 때문에 밧줄이 매어져 있지 않았더라면 순식간에 하늘로 떠올랐을 것이다. 오즈는 도로시에게 말했다.

"도로시, 빨리 와라."

"토토를 찾을 수가 없어요!"

도로시가 안타깝게 소리쳤다. 토토는 고양이의 뒤를 쫓아 사람들 사이로 뛰어다니고 있었다. 간신히 토토를 발견한 도로시는 토토를 품에 안고 풍선을 향해 달려갔다. 도로시가 거의 바구니에 닿을 정도로 가까이 다가갔을 때 오즈는 팔을 내밀어 도로시를 붙잡으려고 했다. 바로 그 순간, 툭 하는 소리를 내며 밧줄이 끊어졌다. 기구는 도로시를 태우지 못한 채 하늘로 올라갔다.

"돌아와요! 저를 데리고 가세요!"

도로시가 애타게 소리쳤다.

"나도 어쩔 수가 없구나!"

오즈가 소리쳤다.

"에메랄드 시 백성들이여, 잘 있으시오!"

이 광경을 지켜보던 모든 사람들이 오즈를 향해 손을 흔들었다. 그리고 마법사가 탄 기구가 하늘 높이 올라가 마침내 보이지 않을 때까지 지켜보았다. 하지만 도로시는 오즈와 함께 떠나지 못해 토토를 안고 하염없이 울었다.

남쪽 나라로 가는 길과 소수

허수아비는 이제 에메랄드 시의 왕이 됐다. 허수아비가 비록 마법사는 아니었지만 백성들은 그를 무척이나 자랑스럽게 생각했다.

"이 세상에 어떤 나라도 허수아비를 왕으로 모신 곳은 없잖아요."

그들은 이렇게 말했다.

오즈가 기구를 타고 하늘로 날아간 다음 날, 도로시 일행은 왕실에 모여 이야기를 나누었다. 허수아비는 커다란 왕좌에 앉았고 다른 사람들은 예의를 갖추어 그 앞에 섰다.

"마법사님은 떠났지만 도로시가 캔자스로 돌아갈 수 있는 다른 방법이 분명히 있을 거야."

허수아비는 열심히 다른 방법을 생각하기 시작했다. 그리고 한참을 생각한 끝에 말했다.

"초록색 수염의 병사를 부르자. 그라면 방법을 알고 있을지도 몰라."

부름을 받은 병사는 조심스럽게 왕실 안으로 들어왔다.

"도로시가 캔자스로 돌아갈 수 있는 다른 방법이 있을까?"

허수아비가 병사에게 물었다.

"저는 잘 모르겠습니다."

"그럼 이제 나를 도와줄 사람이 아무도 없다는 말인가요?"

"혹시 착한 마녀 글린다라면 도와줄 수 있을지 모르겠습니다. 글린다는 위대한 오즈의 마법사님만큼이나 힘이 센 마녀니까요."

도로시는 병사의 말에 귀가 솔깃했다.

"글린다는 어디에 사나요?"

"그녀는 남쪽 나라를 다스리고 있습니다. 저는 그곳에 가 본 적이 없습니다. 하지만 가는 길에 여러 가지 위험이 도사리고 있다고 들었습니다."

병사가 말을 마치고 방을 나가자 허수아비가 말했다.

"조금 위험하기는 하지만 도로시가 할 수 있는 최선의 방법은 남쪽 나라로 가서 글린다에게 도움을 청하는 것뿐이야."

"나는 어떤 어려움이 있어도 남쪽 나라로 가서 글린다에게 도움을 청할 거야."

도로시가 희망에 찬 얼굴로 말했다.

"그렇다면 나는 도로시와 함께 가겠어. 사실 나는 다시 숲으로 돌아가고 싶어."

사자가 말했다. 사자의 말에 양철나무꾼과 허수아비도 도로시와 함께 길을 떠나기로 했다.

"모두 고마워. 그럼 여행 준비를 하고 내일 일찍 떠나기로 하자."

도로시의 말에 허수아비가 말했다.

"긴 여행이 될 테니 모두들 만반의 준비를 하도록 해."

다음 날 아침 일찍 도로시 일행은 에메랄드 성문을 나섰다. 일행은 남쪽으로 한참을 걸어 울창한 숲 앞에 도착했다. 숲을 거치지 않고 돌아서 가는 길은 전혀 없는 것 같았다. 허수아비는 에메랄드 시의 왕답게 앞장서서 숲을 헤치며 앞으로 나갔다. 제일 앞에서 도로시 일행을 이끌던 허수아비는 마침내 나무들이 빽빽하게 서 있는 곳에 도착했다.

나무들을 유심히 살펴보던 허수아비가 말했다.

"여기 있는 나무들은 생김새가 특이한걸."

"그런 것 같아. 내가 여러 숲에서 많은 나무를 베었지만 이렇게 특이한 숲은 처음이야."

양철나무꾼이 허수아비의 말에 맞장구를 쳤다. 실제로 이 숲에 있는 나무들의 가지는 일정한 규칙이 있었다. 나무의 가지는 2개, 3개, 4개, 5개, 6개 등 일정한 개수로 뻗어 있었다. 먼저 도로시가 나뭇가지가 2개인 나무 밑을 지나갔다. 허수아비가 나뭇가지가 4개인 나무 밑을 지나가려하자 나뭇가지가 스르르 움직이더니 허수아비를 감아 올렸다. 순식간에 허수아비는 허공에 높이 들렸다가 친구들의 머리 위로 내동댕이쳐졌다.

"나는 괜찮아. 너희도 알다시피 내 몸은 지푸라기로 만들어졌잖아."

허수아비는 얼른 일어나더니 다시 나무를 향해 걸어갔다. 이번에는 나뭇가지가 6개인 나무 아래로 걸어갔다. 그러자 또다시 나뭇가지가 내려오더니 순식간에 허수아비를 붙잡아 던져 버렸다. 하지만 허수아비는 아무렇지도 않은 듯 벌떡 일어났다.

"이 나무들은 우리가 숲을 통과하지 못하도록 하는 것 같아."

양철나무꾼이 말했다.

"그럼 이번에는 내가 한번 나서 보지."

사자가 용감하게 말하며 나무를 향해 당당하게 걸어갔다. 사자는 나뭇가지가 5개인 나무 밑을 지나갔다. 그런데 나무는 사자를 집어던지지 않고 가만히 있었다. 이 광경을 유심히 지켜보던 허수아비는 곰곰이 생각에 잠겼다. 그러더니 양철나무꾼에게 말했다.

"나뭇가지가 3개인 나무 밑을 지나가 봐."

양철나무꾼은 허수아비가 말한 대로 나뭇가지가 3개인 나무 밑을 지나갔다. 이번에는 양철나무꾼도 무사히 나무 밑을 통과했다. 허수아비는 무엇인가 알았다는 듯 말했다.

"내가 이번에는 나뭇가지가 8개인 나무 밑을 지나갈게. 하지만 나무는 나를 지나가지 못하게 할 거야."

허수아비가 말을 마치고 나뭇가지가 8개인 나무 밑을 지나가려고 하자 나무는 스르르 가지를 움직여 허수아비를 붙잡더니 내동댕이 쳤다.

"알 것 같아. 여기는 소수의 숲이야."

"소수의 숲이라고?"

도로시가 물었다.

"이 나무들의 나뭇가지의 개수는 차례로 2, 3, 4, 5 등과 같이 자연수를 나타내. 그리고 나뭇가지의 수가 소수인 나무의 밑을 지나가면 안전해. 하지만 나뭇가지의 수가 소수가 아닌 나무는 우리가 그 밑을 지나가지 못하게 막고 있어."

"그럼 소수 나무만 골라서 지나가면 되겠구나."

양철나무꾼이 말했다. 그러사 도로시가 잘 모르겠다는 표성으로 물었다.

"소수가 뭐니?"

"소수는 2, 3, 5, 7, 11 등과 같이 1과 자기 자신만으로 나누어떨어지는 수야. 이를테면 $3 \div 1 = 3$, $3 \div 3 = 1$이므로 3은 소수야. $4 \div 1 = 4$, $4 \div 2 = 2$, $4 \div 4 = 1$이므로 4는 1과 자기 자신뿐만 아니라 2로도 나누어떨어지지. 그래서 4는 소수가 아니야."

허수아비의 말을 듣고 있다가 양철나무꾼이 도로시를 보며 설명을 덧붙였다.

"어떤 수가 소수인지 아닌지는 곱셈을 이용해도 알 수 있어. 소수는 곱셈으로 나타낼 수 있는 방법이 단 하나뿐인 수야. 예를 들어 2나 3은 두 수의 곱으로 나타낼 수 있는 방법이 $2 = 1 \times 2$, $3 = 1 \times 3$의 단 한 가지뿐이므로 소수야. 하지만 4는 $4 = 1 \times 4 = 2 \times 2$이므로 곱셈으로 나타낼 수 있는 방법이 두 가지야. 그래서 4는 소수가 아니지."

양철나무꾼의 말을 듣고 있던 도로시가 알았다는 듯이 고개를 끄덕이며 말했다.

"6은 $6 = 2 \times 3$과 같이 1보다 큰 수 2와 3의 곱으로 나타낼 수 있으므로 소수가 아니겠네?"

"맞아. 그리고 소수가 아닌 수를 합성수라고 해."

"그렇다면 4, 6, 8은 모두 합성수구나."

"그렇지. 그리고 저 나무들은 나뭇가지의 개수가 합성수인 경우에 우리를 지나가지 못하게 막는 것이지. 하지만 나뭇가지의 개수가 소수인 나무는 우리를 해치지 않아."

허수아비의 설명을 듣고 도로시가 되물었다.

"그럼 소수 나무만 골라서 그 밑으로 지나가면 이 소수의 숲을 통과할 수 있겠네?"

"그렇지."

"하지만 그 많은 수 중에서 어떤 수가 소수인지 어떻게 알 수 있지?"

도로시의 질문에 허수아비는 기다렸다는 듯이 대답했다.

"어떤 수가 소수인지 아닌지를 알아보는 방법은 몇 가지가 있어. 그중에서 가장 쉬운 방법은 '에라토스테네스의 체'를 이용하는 것이지."

"'에라토스테네스의 체'라고? 이름이 너무 어려워."

"에라토스테네스는 아주 예전에 활동한 수학자 이름이야. 그리고 이 방법을 그 사람이 고안했기 때문에 그의 이름을 붙인 거야."

지금까지 잠자코 듣고 있던 사자가 말했다. 사자의 말이 끝나자 허수아비는 자기 모자 속에서 연필과 종이를 꺼내어 설명하기 시작했다.

"아주 간단해. 예를 들어 1에서 100까지 자연수 중에서 소수를 에라토스테네스의 체로 찾는 방법을 설명해 줄게. 1부터 100까지의 수를 아래와 같이 쓰고 다음과 같은 차례로 수를 지워 가면 소수를 찾을 수 있어. 그런데 1은 모든 수의 약수이기 때문에 소수가 아니야. 즉, 어떤 수든지 자신으로 나누면 1이 되지. 이제 1을 제외하고 시작해 볼까?

① 1은 소수가 아니므로 지운다.

② 소수 2는 남기고, 2의 배수를 모두 지운다.

③ 지워지지 않은 3은 소수나. 소수 3은 남기고, 3의 배수를 모두 지운다.

④ 지워지지 않은 5는 소수다. 소수 5는 남기고, 5의 배수를 모두 지운다.

⑤ 지워지지 않은 7은 소수다. 소수 7은 남기고, 7의 배수를 모두 지운다.

⋮

1	②	③	4	⑤	6	⑦	8	9	10
⑪	12	⑬	14	15	16	⑰	18	⑲	20
21	22	㉓	24	25	26	27	28	㉙	30
㉛	32	33	34	35	36	㊲	38	39	40
㊶	42	㊷	44	45	46	㊼	48	49	50
51	52	㊾	54	55	56	57	58	㊿	60
61	62	63	64	65	66	67	68	69	70
71	72	73	74	75	76	77	78	79	80
81	82	83	84	85	86	87	88	89	90
91	92	93	94	95	96	97	98	99	100

이와 같은 과정을 계속하면,

2, 3, 5, 7, 11, 13, 17, 19, 23, 29, 31, 37, 41, 43, 47, 53, 59, 61,
67, 71, 73, 79, 83, 89, 91, 97

이 지워지지 않고 남아. 이 수들이 모두 1과 100 사이의 소수야. 즉, 체로 친 것처럼 남아 있는 수가 바로 그 자신과 1 이외의 다른 수로는 나누어떨어지지 않는 소수야."

"이 방법도 재미있지만 나는 나무 블록을 이용해서 소수를 찾았는데."

양철나무꾼이 허수아비의 설명을 듣고 말했다. 그러자 도로시가 양철나무꾼에게 물었다.

"나무 블록을 이용해도 소수를 찾을 수 있는 거야?"

"그럼."

양철나무꾼은 오른쪽 가슴에서 나무 블록을 많이 꺼내 여러 가지 모양으로 늘어놓으며 소수에 대하여 설명하기 시작했다.

"이 나무 블록의 크기를 1이라고 하자. 그러면 2는 나무 블록이 2개고 3은 3개, 4는 4개야. 이제 각 수에 해당하는 나무 블록을 붙여서 직육면체 모양으로 만들어 보자. 이때 직육면체 모양이 아닌 것은 만들지 말아야 해. 그럼 2, 3, 4, 5, 6은 이렇게 만들 수 있지."

양철나무꾼은 나무 블록을 붙여서 다양한 직육면체 모양을 만들고 다시 설명하기 시작했다.

"4의 경우에는 나무 블록으로 직육면체를 만들 수 있는 방법이 모두 3가지야. 또 6의 경우에는 모두 4가지야. 반면 2, 3, 5의 경우에는 모두 딱 2가지뿐이지. 조금 더 많은 수에 대하여 이렇게 나무 블록을 붙여 보면 흥미로운 사실을 알 수 있어. 소수는 단 2가지 모양의 직육면체만 가지고 그 이외의 수들은 3가지 이상의 직육면체 모양을 가진다는 것이야. 따라서 소수는 정육면체 나무 블록을 붙일 때, 직육면체 모양으로 만들 수 있는 경우가 오직 2가지 방법뿐인 수야."

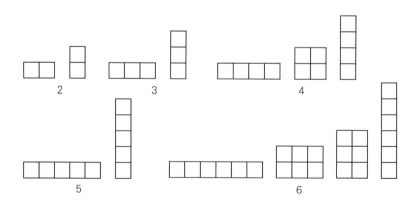

허수아비와 양철나무꾼의 설명이 끝나고 도로시 일행은 나뭇가지의 개수가 소수인 나무를 골라 그 밑으로 지나가기 시작했다. 그리고 소수 나무들이 지나가는 길을 방해하지 않았기 때문에 도로시 일행은 무사히 숲을 빠져나올 수 있었다. 소수의 숲을 무사히 빠져나온 도로시 일행은 계속 남쪽으로 걸어갔다.

소수의 숲을 빠져나온 도로시 일행은 다음과 같이 숫자가 적힌 나무 울타
리를 발견했다. 이 수들은 어떤 규칙으로 쓰여 있는 것일까?

$$1, 2, 2, 4, 2, 4, 2, 4, 6, 2, 6, 4, 2, 4, 6, \cdots$$

도자기 벽과 사다리 타기

소수의 숲을 무사히 통과하여 남쪽으로 가던 도로시 일행 앞에 높고 매끄러운 벽이 나타났다. 그 벽은 하얀 도자기로 만들어진 것 같았다. 표면이 유리 접시처럼 매끄러운 벽이 그들의 머리 위로 높이 솟아 있었다. 벽을 맨손으로 그냥 넘을 수는 없을 것 같았다.

"이 벽을 어떻게 넘어가지?"

도로시가 친구들을 돌아보았다. 그러자 양철나무꾼이 말했다.

"내가 사다리를 만들게. 그걸로 올라갈 수 있을 거야."

양철나무꾼은 사다리를 만들 나무를 구하기 위해 숲속으로 들어갔다. 얼마 후 양철나무꾼은 사다리를 만들기에 적당한 나무를 많이 베어 왔다. 양철나무꾼은 친구들이 지켜보는 동안 열심히 사다리를 만들었다. 그런데 양철나무꾼이 만드는 사다리는 보통 사다리와 모양이 조금 달랐다.

"무슨 사다리를 만드는 거지?"

허수아비가 묻자 양철나무꾼이 말했다.

"응, 여러 명이 한꺼번에 올라갈 수 있는 사다리를 만들고 있어."

양철나무꾼이 완성한 사다리는 세로로 4개의 지지대가 있고 각 지지대 사이에 가로로 발판을 이은 사다리였다.

"이 사다리로 저 매끄러운 벽을 넘어가면 돼."

양철나무꾼은 자신이 만든 사다리를 자랑스럽게 말했다. 사다리를 보던 허수아비는 잠시 생각에 잠겼다.

"이 사다리에는 재미있는 수학 놀이가 숨어 있어."

수학이라는 허수아비의 말에 도로시가 머리를 가로저었다.

"저런 사다리에도 수학이 있다고? 정말 수학은 없는 곳이 없네."

"그건 '사다리 타기'라는 게임이야. 이 게임의 원리를 설명할게. 우선 그림과 같이 길이가 같은 세로선을 여러 개 그린 후에 각 선의 위아래에 이름을 붙여."

허수아비는 자신의 모자에서 종이와 연필을 꺼내어 세로선만 있는 그림을 그렸다.

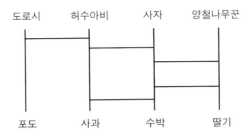

그림을 그린 허수아비는 설명을 이어갔다.

"이렇게 그리면 (도로시, 포도), (허수아비, 사과), (사자, 수박), (양철나무꾼, 딸기)와 같이 각각 짝을 이루지. 이제 인접한 두 세로선 사이에 가로선을 여러 개 그려. 이때 가로선이 세로선을 지나가게 그릴 수는 없어. 아까 그린 세로선들 사이에 몇 개의 가로선을 마음대로 그려 넣으면 돼."

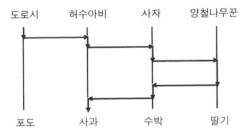

가로선을 그린 허수아비는 계속 설명했다.

"이 그림의 윗부분에 있는 이름에서 출발하여 세로선을 따라 내려오다가 가로선을 만나면 가로선을 따라가. 가로선을 따라가다가 세로선을 만나면 다시 만난 세로선을 따라 내려오는 거야. 이런 방법으로 끝까지 내려오면 (도로시, 사과), (허수아비, 포도), (사자, 수박), (양철나무꾼, 딸기)와 같이 새로운 짝을 이루게 돼."

허수아비는 도로시의 시작점에 연필을 대고 게임의 규칙대로 밑으로 내려왔다.

"어? 진짜로 한 명에 과일이 딱 하나씩 짝을 이루네."

도로시가 신기한 듯 허수아비로부터 연필을 받아 다른 사람의 이름에서 출발했을 때는 어떻게 되는지 확인했다. 도로시가 신기해하자 허수아비는 모자에서 연필 하나를 더 꺼내 양철나무꾼이 만든 사다리와 같은 모양으로 사다리 타기 그림을 그렸다.

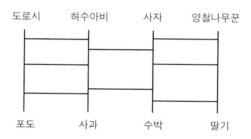

"양철나무꾼이 만든 사다리와 똑같은 모양으로 사다리 타기 게임을 해 볼까? 누가 어떤 음식과 짝을 맺는지 확인해 봐."

도로시는 각각 어느 과일과 짝이 되는지 궁금하여 허수아비가 그림을 완성하자마자 선을 따라 연필을 움직였다.

"이번에는 (도로시, 수박), (허수아비, 딸기), (사자, 포도), (양철나무꾼, 사과)야. 그런데 가로선의 개수가 변해도 한 명이 꼭 하나의 과일과 짝을 이루네."

"맞아. 사다리 타기 게임은 하나에 꼭 하나씩만 짝을 이루지. 그리고 사다리 타기 게임에 참여한 사람을 한 모둠으로 생각하고, 과일을 다른 모둠으로 생각해서 화살표로 연결하면 이런 그림이 돼."

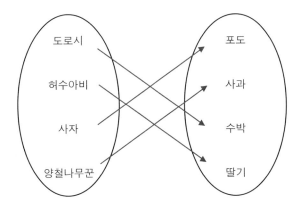

허수아비가 간단한 그림으로 바꾸자 도로시가 신기한 듯 말했다.

"정말 결과를 간단히 알 수 있네."

"사다리 타기 게임과 같이 하나에 꼭 하나가 짝을 이루는 것을 수학에서는 일대일대응이라고 해."

"일대일대응?"

"응, 일대일대응! 하나에 꼭 하나씩 대응된다는 뜻이지."

이야기를 듣던 사자가 말했다.

"일대일대응은 아주 오래전 사람들이 처음으로 셈을 할 때 사용한 방법이야."

"$5-3=2$나 $3+5=8$과 같이 셈을 수로 하지 않고 일대일대응으로 한다고? 어떻게 그럴 수 있지?"

"아주 옛날에는 우리가 지금 사용하고 있는 숫자와 같은 것이 없었어. 그냥 나무 기둥에 홈을 파거나 조그만 조약돌로 개수를 나타냈지. 예를 들어 사과 3개는 홈을 파서 이렇게 나타냈어."

사자는 앞발을 들고 날카로운 발톱 3개를 세우더니 양철나무꾼이 만든 사다리의 기둥에 휙 그었다. 그러자 나무 기둥에 3개의 홈이 파였다.

"이렇게 그 개수만큼 홈을 팠어. 즉, 사과 하나에 홈 하나씩 대응을 시킨 거지. 이런 홈을 새김눈이라고도 해."

"이런 것을 새김눈이라고 한다는 것은 알겠어. 하지만 어떻게 이것으로 계산을 했지?"

도로시가 묻자 사자가 대답했다.

"새김눈과 마찬가지로 조약돌도 사과 1알에 조약돌 1개, 사과 2개에 조약돌 2개를 놓는 방법으로 수를 나타내고 계산했어. 예를 들어 도로시는 사과 3알을 가지고 있고 허수아비는 사과 5알을 가지고 있을 때, 두 사람이 가지고 있는 사과가 모두 몇 개인지 알기 위하여 조약돌 3개에 조약돌 5개를 합쳐서 그 개수를 세면 8개라는 것을 알 수 있어."

"그렇구나. 그럼 일대일대응이 숫자보다 먼저 나온 수학이네. 어쨌든 수학은 쉽지 않아. 하지만 재밌기도 해."

이야기를 마친 도로시 일행은 양철나무꾼이 만든 희한한 사다리를 도자기 벽에 세우고 오르기 시작했다.

도자기 나라와 피보나치 수열

도로시 일행은 사다리를 타고 올라서서 눈앞에 펼쳐진 광경을 보고 할 말을 잃었다. 그들 앞에는 커다란 접시처럼 매끄럽고 윤이 나는 하얀 바닥이 끝없이 펼쳐져 있었다. 그리고 여기저기에 도자기로 만들어진 집들이 수없이 많이 있었다. 알록달록한 색깔이 칠해진 도자기 집들은 아주 작았다. 그중에서 가장 큰 집도 도로시의 허리 높이밖에 오지 않았다.

가장 신기한 것은 이 나라에 살고 있는 사람들이었다. 이 사람들은 모두 도자기로 만들어져 있었다. 심지어 입고 있는 옷까지 도자기였다. 사람들도 집처럼 아주 작아서 가장 큰 사람이 도로시의 무릎 높이 정도였다. 도로시 일행은 이 이상하고 아름다운 나라의 경치를 감상하느라고 한동안 움직이지 않았다.

"이 나라를 통과해야 남쪽의 착한 마녀 글
린다를 만날 수 있어. 얼른 출발하자."

도로시가 말하자 다들 그제야 정신을 차리
고 걷기 시작했다. 도로시 일행이 이 나라에
서 제일 먼저 만난 것은 도자기 소의 젖을 짜
고 있는 도자기 아가씨였다. 그들이 옆으로
지나가자 소가 몹시 놀란 듯 갑자기 발길질을 했다. 그 때문에 의자와
양동이와 젖 짜는 아가씨까지 모두 도자기로 된 바닥 위에 요란한 소
리를 내며 쓰러지고 말았다. 이 소동으로 인해 소의 다리가 부러지고
양동이는 산산조각이 났다. 또 젖 짜는 아가씨는 왼쪽 팔꿈치에 금이
갔다.

"이봐요! 당신들이 무슨 짓을 했는지 봐요!"

젖 짜는 아가씨는 화가 나서 소리쳤다.

"정말 죄송합니다. 저희를 용서해 주세요."

도로시가 사과했다. 그러자 마음씨 고운 양철나무꾼이 말했다.

"이 나라에서는 아주 조심해야겠어. 그렇지 않으면 이곳에 사는 예
쁜 사람들이 다칠지도 몰라. 잘못하여 산산이 부서지면 고칠 수도 없

을 것 같아."

양철나무꾼의 말에 고개를 끄덕이던 허수아비는 모자 속에서 접착제를 꺼내어 소의 다리와 아가씨의 팔꿈치를 말끔히 붙여 주었다. 그리고 도로시 일행은 조심하며 길을 걸었다. 마을을 지나다 보니 많은 사람들이 모여 있었는데 그 가운데에 아름다운 공주가 있었다. 도로시는 이 아름다운 공주의 모습을 더 자세히 보고 싶어서 공주 가까이로 다가갔다.

"가까이 오지 말아요!"

공주가 작은 목소리로 말하자 도로시는 걸음을 멈추었다. 그리고 이상한 듯 물었다.

"왜 그러는 거죠?"

"혹시 내가 넘어지기라도 하면 나는 깨져 버리거든요."

"그럼 다시 고치면 되잖아요?"

"물론 그렇죠. 하지만 한번 고치고 나면 절대로 옛날처럼 예쁜 모습이 될 수 없어요."

공주가 말하자 도로시가 알았다는 듯 고개를 끄덕였다.

"그런데 여기서 무엇을 하고 있지요?"

도로시가 묻자 공주는 옆에 세워지고 있는 건물을 가리키며 말했다.

"지금 10층짜리 새로운 건물을 세우고 있어요."

도로시 일행은 그곳을 쳐다보았다. 그곳에는 10층짜리 도자기 건물이 여러 채 세워지고 있었다. 그런데 그 건물은 아직 색칠하지 않았기 때문에 우윳빛 흰색이었다.

"이 건물들의 벽을 색칠하려고 합니다. 벽은 각 층에 보라색과 회색, 두 가지 색 중에서 한 가지를 칠하려고 해요. 그런데 회색은 연속으로 칠하지 않을 거예요. 이를테면 1층에 회색을 칠했으면 2층에는 회색은 칠할 수 없고 반드시 보라색을 칠하는 것이죠. 물론 보라색은 연속해서 칠할 수 있습니다."

"그렇군요."

도로시가 공주의 말에 열중하자 공주는 계속 설명했다.

"이런 방법으로 저 10층짜리 건물의 벽을 칠하려고 합니다. 우리는 이렇게 칠한 10층 건물을 최대한 많이, 그러나 모두 다르게 지으려고 해요. 하지만 그렇게 하려면 모두 몇 채를 지어야 하는지 알 수 없어서 함께 모여 논의하고 있었습니다."

도로시와 공주의 대화를 듣고 있던 사자가 나섰다.

"이건 경우의 수를 구하는 문제군요. 이 문제는 제가 해결해 드릴 수 있습니다. 제가 설명해 드려도 될까요?"

공주는 사자가 불쑥 앞으로 나서자 잠시 놀랐다. 하지만 사자가 도자기를 먹지 않는다는 것을 알기 때문에 두려워하지는 않았다.

"좋습니다."

공주의 허락이 떨어지자 사자가 이 문제에 대하여 설명하기 시작했다.

"우선 1층 건물을 짓는다면 몇 가지 방법이 있을까요?"

"그야 회색과 보라색 2가지뿐이므로 2가지 방법이 있어요."

"그렇습니다. 그럼 2층일 경우부터 설명하면 되겠네요."

사자는 설명을 하기 위하여 발톱을 세워 도자기로 된 땅에 그림을 그리려 했다. 하지만 발톱으로 도자기 땅 위에 그림을 그릴 수 없었다. 사자가 갈기를 힘차게 흔들자 갈기에서 종이와 연필이 쏟아져 나왔다. 사자는 종이에 그림을 그렸다.

"2층 건물을 지을 경우에 1층을 무슨 색으로 칠했느냐에 따라 2층 색을 정할 수 있습니다. 즉, 1층을 보라색으로 칠했다면 2층은 보라색이나 회색으로 칠할 수 있어요. 그런데 1층을 회색으로 칠했다면 2층은 반드시 보라색으로 칠해야 합니다. 그럼 모두 3가지 경우로 칠할 수 있습니다. 즉, 1층짜리 건물은 2채, 2층짜리 건물은 3채를 지어야 원하시는 방법대로 건물을 서로 다르게 칠할 수 있습니다."

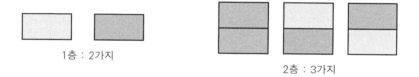

1층 : 2가지

2층 : 3가지

"하지만 우리가 지으려고 하는 것은 10층짜리 건물인걸요."

공주가 말하자 사자가 다시 설명하기 시작했다.

"차근차근 설명할게요. 이제 3층짜리 건물이라면 몇 채를 지어야 할지 알아볼까요?"

사자는 2층짜리 건물 색칠하기의 경우를 보여 주었다.

"3층짜리 건물을 칠하는 방법은 이미 색칠된 2층짜리 건물을 이용하면 쉽게 구할 수 있어요. 2층짜리는 3가지 경우가 있었지요. 먼저 모두 보라색으로 칠한 경우에 3층은 보라색과 회색의 2가지 방법으로 칠할 수 있어요. 두 번째 보라색과 회색으로 칠한 경우에 3층은 반드시 보라색을 칠해야 합니다. 마지막으로 회색과 보라색을 칠한 경우에 3층은 보라색과 회색 2가지로 칠할 수 있지요. 그래서 결국 3층짜리 건물은 모두 5채를 지어야 서로 다르게 칠할 수 있습니다. 이렇게요.”

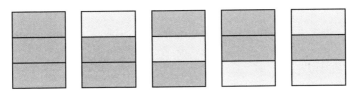

3층 : 5가지

“그럼 4층도 3층을 칠한 것을 이용하여 구할 수 있겠네요.”

공주가 사자의 설명을 듣고 말했다.

“그렇습니다. 4층까지 구해 볼까요? 이제 3층의 경우에서 한 층 더 칠하는 것을 생각하면 됩니다. 이를테면 3층에 보라색으로 칠해진 경우에 4층은 각각 보라색과 회색을 칠할 수 있습니다. 하지만 3층에 회색이 칠해진 경우에 4층은 반드시 보라색을 칠해야 하지요. 이렇게 생각하면 4층짜리 건물은 모두 8채를 지어야 서로 다르게 칠할 수 있습니다.”

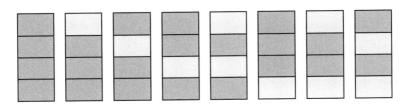

4층 : 8가지

사자가 여기까지 설명하자 옆에서 잠자코 듣던 도로시가 나섰다.

"그럼 1층의 경우는 2가지, 2층은 3가지, 3층은 5가지, 4층은 8가지 경우가 있군요. 2, 3, 5, 8이라…… 뭔가 규칙이 있을 것 같은데?"

"알겠습니다."

도로시가 고민하자 공주가 말했다.

"2, 3, 5, 8은 앞의 두 수를 더하면 다음 수를 얻을 수 있어요. 즉, 2+3=5, 3+5=8입니다. 건물 색칠하기가 이와 같은 규칙이 있다면 5층은 5+8=13가지이고 6층은 8+13=21가지가 되겠네요. 그렇다면 경우의 수는 차례로 2, 3, 5, 8, 13, 21, 34, 55, 89, 144가 되고, 결국 10층 건물을 이와 같이 칠하는 경우의 수는 144가지네요."

그러자 사자가 말했다.

"맞습니다, 공주님. 이 수의 규칙을 이용하면 건물이 몇 층이라도 그 경우의 수를 쉽게 구할 수 있습니다."

"감사합니다. 그럼 우리가 원하는 대로 칠을 하려면 10층짜리 건물은 모두 144채를 지어야겠네요."

"그렇습니다. 2, 3, 5, 8, …과 같이 수가 나열되는 것을 피보나치 수열이라고 합니다. 즉 피보나치 수열은 앞의 두 수를 더하여 다음 수가 되도록 계속해서 수를 배열한 것입니다."

"흥미롭군요. 왜 이름이 피보나치 수열인가요?"

"옛날 수학자 중에서 이름이 피보나치인 사람이 있었습니다. 피보나치는 이런 종류의 문제를 처음으로 생각했지요. 그리고 자신의 생각을 『계산을 위한 책』이라는 책으로 세상에 알렸습니다. 그 이후에 사람들은 그의 이름을 따서 피보나치 수열이라고 부르고 있답니다."

"그렇군요. 피보나치 수열을 다른 곳에서도 찾을 수 있나요?"

"물론입니다. 피보나치 수열은 여러 곳에서 쉽게 발견할 수 있습니다. 워낙 많기 때문에 공주님께는 간단히 예를 들어 드리지요."

사자는 공주에게 먼저 솔방울에서 찾을 수 있는 피보나치 수열을 설명하기 시작했다.

"먼저 솔방울에서도 피보나치 수열을 찾을 수 있답니다. 솔방울 표면의 포엽(包葉)은 좁은 공간에서 압축된 잎들이 변형된 것입니다. 포엽은 솔방울의 주위를 두 종류의 나선을 따라서 회전하지요. 자세히 살펴보면 하나는 왼쪽 아래에서 오른쪽 위로 대각선을 이루듯이 회전하고, 다른 하나는 오른쪽 아래에서 왼쪽 위로 회전합니다."

여기까지 말한 사자는 자신의 갈기를 흔들었다. 그러자 갈기에서 솔방울이 떨어져 나왔다.

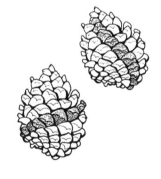

"이것을 보세요. 오른쪽 솔방울은 가파르게 나선을 그리는 13개의 포엽들 중 하나입니다. 왼쪽의 솔방울은 완만한 나선을 그리는 8개의 포엽들 중 하나지요. 어떤 솔방울이든 가파른 나선과 완만한 나선의 수를 세어 보면 피보나치 수열의 수가 됩니다. 어떤 솔방울은 3개의 완만한 나선과 5개의 가파른 나선을 가지고 있고, 어떤 것은 완만한 나선 5개와 가파른 나선 8개를, 또는 완만한 나선 8개와 가파른 나선 13개를 가지기도 합니다. 이들 모두는 피보나치 수열에 있는 수들입니다."

공주가 고개를 끄덕이자 사자가 계속해서 말했다.

"공주님, 파인애플을 좋아하시는지요?"

"예. 새콤달콤한 파인애플을 정말 좋아합니다."

"파인애플에서도 피보나치 수열을 찾을 수 있습니다."

사자가 다시 갈기를 흔들자 이번에는 갈기에서 파인애플이 떨어져 나왔다.

"파인애플은 육각형의 껍질로 덮여 있지요. 이 육각형의 껍질을 자세히 살펴보면 모든 육각형이 3개의 서로 다른 나선에 놓여 있는 것을 알 수 있습니다. 어떤 파인애플이든 육각형들의 나선은 완만한 것과 가파른 것 그리고 가운데에 거의 수직인 나선이 있습니다. 이들의 개수를 세어 보면 피보나치 수열의 수 8과 13 그리고 21이라는 것을 알 수 있습니다. 어떤 과학자는 이것을 확인하기 위하여 2,000개의 파인애플에서 나선의 개수를 일일이 확인했습니다. 그 결과 피보나치 수를 벗어난 것은 하나도 없었다고 합니다."

공주는 파인애플을 보는 순간부터 파인애플이 먹고 싶어졌는지 파인애플에서 눈을 떼지 못했다.

"사자님 덕분에 재미있는 것을 배웠습니다."

공주는 사자에게 무릎을 굽혀 인사했다. 공주가 인사를 하자 사자도 큰 머리를 조아려 공주에게 인사했다. 그때 도로시가 공주에게 말했다.

"공주님은 정말 아름답군요. 저와 함께 캔자스로 가시지 않으시겠습니까?"

"그럼 나는 불행해질 거예요."

공주가 슬픈 얼굴로 말했다.

"당신도 보다시피 우리들은 이 나라에서 행복하게 살고 있어요. 마음대로 말을 하고 걸어다닐 수 있지요. 하지만 누구든지 이 나라 밖으로 나가면 당장 온몸이 굳어서 똑바로 서 있기만 해야 합니다. 그저 관상용 예쁜 인형이 되는 겁니다. 사람들은 우리가 선반이나 서재 책상 위에 가만히 서 있기만을 바랍니다. 반면에 이곳에서는 그보다 훨씬 행복하고 즐겁게 살 수 있어요."

"알겠습니다. 저는 공주님을 불행하게 만들고 싶지 않아요."

도로시가 말했다.

"그러면 작별 인사를 해야겠군요. 안녕히 계세요."

"잘 가세요."

공주가 대답했다. 도로시 일행은 조심스럽게 도자기 나라를 걸어 통과했다. 그들이 지나갈 때마다 사람들과 동물들은 황급히 몸을 피했다. 한 시간 정도 걸어가자 도로시 일행은 이 나라를 빠져나갈 수 있었다.

동물의 왕 사자와
통계의 그래프

    도자기의 나라를 지나온 도로시 일행 앞에 또 다른 숲이 나왔다. 이 숲의 나무들은 이제까지 봤던 그 어떤 나무보다 훨씬 더 오래되고 커 보였다.

"이 숲은 아주 아늑하고 편안한걸."

사자는 들뜬 기분으로 주위를 두리번거렸다.

"하지만 내가 보기에는 너무 어두침침해."

허수아비가 투덜거렸다. 하지만 사자는 즐거운 듯 말했다.

"전혀 그렇지 않아. 이런 곳이라면 난 평생을 살아도 좋을 것 같아. 발밑에 깔린 이 나뭇잎들 좀 봐, 얼마나 폭신한지. 이 나무에 끼어 있는 이끼는 또 얼마나 촉촉하고 부드러운지 보라고. 들짐승들에게 이보다 더 좋은 보금자리는 없을 거야."

"그렇게 살기 좋다면 이 숲에는 사나운 짐승들도 살겠군."

도로시가 무서운지 몸을 움츠렸다.

"그럴지도 모르지. 하지만 지금까지 짐승의 그림자도 보이지 않는걸."

숲으로 들어온 지 얼마 지나지 않아서 시끄러운 동물들의 소리가 나지막이 들렸다. 마치 수많은 들짐승들이 한꺼번에 울어 대는 소리 같았다. 도로시 일행은 호기심이 발동해 소리가 나는 쪽으로 조심히 걸어갔다. 마침내 숲속의 넓은 공터에 도착했다. 그곳에는 온갖 종류의 짐승들이 모여 있었다. 호랑이, 코끼리, 곰, 늑대, 여우, 토끼, 사슴, 그 밖에 여러 종류의 동물이 다 모여 있었다.

이 광경을 본 도로시가 겁을 먹고 두려워하자 사자는 도로시에게 동물들이 회의를 열고 있는 것 같다고 설명했다. 그때 동물들이 도로시 일행을 발견하고 순식간에 입을 다물었다. 여러 동물 중에서 덩치가 커다란 호랑이 한 마리가 사자에게 다가오더니 허리를 숙이며 말했다.

"동물의 왕이시여, 때마침 잘 오셨습니다. 저희는 지금 숲속 동물들의 평화를 지키기 위해 무서운 적과 싸우려고 합니다."

"무슨 일이냐?"

사자가 위엄 있게 말했다. 그러자 호랑이가 대답했다.

"저희는 사나운 괴물에게 위협받고 있습니다. 벌써 많은 동물들이 괴물에게 잡아먹혔습니다. 그 괴물은 코끼리처럼 몸집이 크고 커다란 나뭇가지만큼이나 긴 팔과 다리를 가진 거미 모양의 괴물입니다. 그놈은 숲을 기어다니다가 8개나 되는 다리로 동물들을 닥치는 대로 잡아먹습니다. 그놈이 살아 있는 한 저희는 아무도 안전하지 않습니다. 그

래서 어떻게 하면 좋을지 다 같이 모여서 의논하던 중에 사자님이 오신 것입니다."

"동물 중에서 희생자는 정확히 몇이나 되는가?"

"잘 모릅니다. 여기 있는 동물들은 사는 지역이 다릅니다. 어떤 동물은 물가에서 살고, 어떤 동물은 나무 위에 살지요. 또 땅속에서 사는 동물도 있습니다. 각 지역에 살고 있던 동물들이 처음에는 각각 30마리로 모두 같았습니다. 그런데 지금은 얼마나 살고 있는지 알 수 없습니다."

"그럼 우선 여기 있는 동물을 사는 지역에 따라 분류해야겠구나."

"알겠습니다. 그런데 어떻게 분류할까요?"

"먼저 하늘을 날 수 있는 동물과 날 수 없는 동물로 나누어라."

사자의 말에 호랑이는 동물들을 날짐승과 들짐승으로 나누기 시작했다. 그 모습을 보고 도로시가 사자에게 물었다.

"날 수 있는 동물과 날 수 없는 동물로만 나누면 될까?"

"같은 성질을 가진 동물끼리 종류별로 나누는 것을 분류라고 해. 동물뿐만 아니라 다른 모든 것도 분류할 수 있지. 이때 사물의 성질 등을 알기 쉽게 구분하여 종류별로 나누는 기준이 필요한데, 이것을 분류기준이라고 해. 예를 들면 날 수 있는 것과 없는 것으로 분류기준을 정할 수 있지."

"그럼 분류기준은 항상 1가지로 정해야 해?"

"아니야. 분류기준은 2가지 이상도 가능하지. 예를 들어 들짐승 중에서도 나무에서 사는 동물, 땅속에서 사는 동물, 물가에서 사는 동물 등 다양하게 정할 수 있어."

"그렇구나."

도로시가 고개를 끄덕이자 호랑이가 사자에게 다가왔다.

"대왕님, 동물들을 두 부류로 나누었습니다. 이제 어떻게 할까요?"

"이제 표를 만들어야겠다."

"표요?"

호랑이가 묻자 사자는 머리를 흔들어 갈기에서 종이와 연필을 꺼냈다. 그리고 종이와 연필로 5가지의 분류기준으로 표를 만들어서 호랑이에게 주었다.

"이 표에 있는 분류기준을 보고, 이 기준에 해당하는 동물의 수를 세어서 표를 완성해 가지고 와라."

"예!"

호랑이는 사자의 말을 듣고 표를 완성하기 위해 동물들이 모여 있는 곳으로 갔다. 호랑이는 표에 있는 대로 동물들의 수를 조사하여 표를 완성하고 다시 사자에게 돌아왔다.

사는 곳	하늘	물가	땅속	사막	나무
동물의 수(마리)	30	15	14	23	27

"이 표를 보니 동물들이 사는 곳과 수를 한눈에 알 수 있구나. 하지만 어떤 지역에 많이 사는지 비교하기가 쉽지 않네."

호랑이가 가져온 표를 보고 도로시가 말했다. 그랬더니 사자가 설명을 덧붙였다.

"그러면 그래프를 그리면 돼."

"그래프?"

도로시가 되묻자 사자가 그래프에 대하여 설명하기 시작했다.

"자료의 수가 적을 때에는 표만으로도 자료에 나타난 수량을 쉽게 알 수 있어. 또 종류별로 수량을 비교하기도 쉬워. 그런데 자료의 수가 많아지면 표만으로 수량을 비교하기가 쉽지 않아. 이럴 때 사용하는 게 바로 그래프야."

"그렇구나. 그럼 그건 어떻게 만드는 거야?"

도로시의 물음에 사자는 호랑이가 가져온 표를 보며 말했다.

"그래프는 종류가 많아. 하지만 오늘은 막대그래프와 꺾은선그래프, 2가지만 설명할게."

"막대그래프와 꺾은선그래프라고?"

"막대그래프는 조사한 수를 막대 모양을 이용하여 나타낸 그래프야. 호랑이가 조사한 자료의 수량을 내가 막대그래프로 그려 볼게. 막대그래프를 그리는 방법은 간단해. 우선 가로와 세로 눈금에 나타낼 것을 정해야 해. 이때 세로 눈금 한 칸의 크기와 눈금 수를 정해야 해. 그리고 조사한 수에 알맞게 막대를 그린 후 그래프에 적당한 제목을 붙이면 완성되지. 이렇게 말이야."

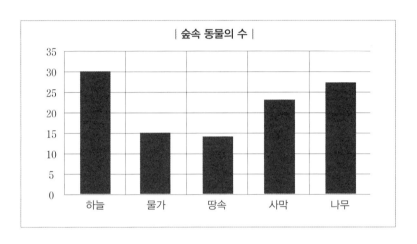

사자가 그린 막대그래프를 보고 도로시가 신기한 듯 말했다.

"와! 동물이 어느 지역에 가장 많이 살고 적게 사는지 한눈에 보이네. 또 땅속과 사막 중 어느 곳에 많이 사는지도 비교하기 쉽네."

"이번에는 같은 자료를 꺾은선그래프로 그려서 나타내 볼게."

사자는 호랑이가 가져온 자료로 이번에는 꺾은선그래프를 그리기 시작했다.

"점을 잇다 보니 선분이 위, 아래로 꺾어진 모양이 됐어. 그래서 이런 그래프를 꺾은선그래프라고 해. 꺾은선그래프는 선분의 기울어진 정도에 따라 변화하는 모양과 정도를 쉽게 알 수 있지."

| 숲속 동물의 수 |

"그런데 두 그래프의 차이를 잘 모르겠어. 어떤 경우에 어느 그래프를 그리는 것이 편리할까?"

"막대그래프는 각각의 크기를 비교할 때 유용하고, 꺾은선그래프는 시간에 따라 연속적으로 변화하는 모양을 나타내는 데 편리하지. 예를 들어 우리 넷이 줄넘기 기록을 서로 비교할 때는 막대그래프를, 개인의 기록이 시간에 따라 어떻게 변하는지 알아볼 때는 꺾은선그래프를 그리는 것이 좋아."

사자는 도로시에게 표와 그래프를 설명하고 나서 괴물이 잡아먹은 동물이 몇 마리인지 조사했다. 그리고 잡아먹힌 동물의 수를 그래프로 나타냈나.

"이 그래프를 보니 땅속에 사는 동물이 가장 많이 잡아먹혔고 그다음은 물가에 사는 동물이군. 반면 하늘에 사는 동물은 한 마리도 잡아먹히지 않았고, 나무에 사는 동물도 적게 잡아먹혔어. 그렇다면 그 괴

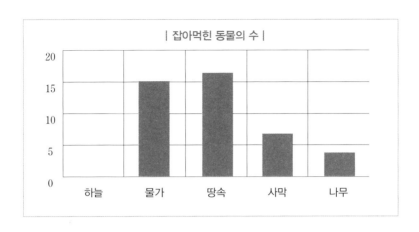

| 잡아먹힌 동물의 수 |

물은 하늘을 날지 못하고 높은 곳에도 올라가지 못한다는 뜻이군."

"그렇군요. 저희는 지금까지 그것을 모르고 있었습니다. 역시 사자님은 동물의 왕이십니다."

"이제 괴물이 어떤 곳을 좋아하는지 알았으니 내가 그 괴물을 처치할 것이다. 걱정하지 마라."

이야기를 마친 사자는 괴물과 싸우기 위해 당당하게 걸어갔다. 사자가 물가에서 커다란 거미 괴물을 발견했을 때, 괴물은 잠을 자고 있었다. 사자는 거미 괴물이 깨어 있을 때보다는 잠이 들었을 때 공격하는 편이 훨씬 더 유리할 것이라고 판단했다. 사자는 번개처럼 빠르게 펄쩍 뛰어올라 거미 괴물의 등에 올라탔다. 그리고 육중한 앞발과 날카로운 발톱으로 단숨에 거미 괴물의 머리를 내리쳤다. 거미 괴물의 머리는 힘없이 몸통에서 떨어져 나갔다. 마침내 사자는 거미 괴물이 완전히 죽었다는 것을 확인하고 동물들과 친구들이 기다리고 있던 숲으로 돌아갔다.

"너희는 더 이상 두려워할 필요가 없다."

동물들은 일제히 환호성을 지르며 사자가 이 숲에 머물며 자신들의 왕이 되길 원했다. 사자는 도로시가 안전하게 캔자스로 돌아가는 것을 보고 나서 다시 이곳으로 돌아오겠다고 약속했다.

숲속의 동물들은 예전부터 1부터 9까지 수를 이용한 다양한 퀴즈를 즐겼다. 호랑이가 도로시에게 문제를 하나 냈다. 다음과 같은 연산이 주어진 그림에 1부터 9를 한 번씩 사용하여 등식이 성립하도록 만드는 것이다. 도로시는 과연 이 퀴즈를 풀 수 있을까?

$$\boxed{} - \boxed{} = \boxed{}$$
$$\Vert \qquad \times$$
$$\boxed{} \div \boxed{} = \boxed{}$$
$$+ \qquad \Vert$$
$$\boxed{} + \boxed{} = \boxed{}$$

$$\boxed{1} + \boxed{7} = \boxed{8}$$
$$+ \qquad \Vert$$
$$\boxed{6} \div \boxed{3} = \boxed{2}$$
$$\Vert \qquad \times$$
$$\boxed{9} - \boxed{5} = \boxed{4}$$

답

착한 마녀와 차원

        도로시 일행은 숲을 빠져나와 계속해서 남쪽을 향해 걸어갔다. 한참을 더 여행한 후 도로시 일행은 드디어 착한 마녀 글린다가 살고 있는 남쪽 나라의 성에 도착했다. 그들은 글린다를 만나기 전에 먼저 어떤 방으로 안내됐다. 그곳에서 도로시 일행은 잠시 쉬면서 여행을 하는 동안 더러워진 몸을 깨끗하게 씻고 단장했다.

    도로시 일행이 몸단장을 마치자 빨간색 제복을 입은 소녀가 찾아와서 도로시 일행을 글린다에게 안내했다. 글린다는 눈부시게 아름다운 젊은 마녀였다.

    "내가 무엇을 도와줄까?"

    글린다가 물었다. 도로시는 헨리 아저씨가 발명한 디멘션 캡슐을 타고 이곳에 오게 됐다는 이야기와 그동안 이곳에서 겪은 여러 가지 모

험에 대하여 설명하고 이렇게 말을 맺었다.

"저의 가장 큰 소원은 캔자스로 돌아가는 것입니다. 엠 아주머니가 저를 무척 걱정하고 계실 테니까요. 헨리 아저씨도 제가 보고 싶어서 많이 슬퍼하고 계실 거예요."

"너에게 캔자스로 돌아갈 방법을 알려 주마."

마녀는 말을 마치고 허수아비에게 물었다.

"도로시가 떠나면 당신은 어떻게 할 거죠?"

"저는 에메랄드 시로 돌아가겠습니다. 왜냐하면 오즈가 저를 그 도시의 지도자로 삼았기 때문입니다. 에메랄드 시의 사람들도 저를 무척 좋아합니다."

글린다는 양철나무꾼을 바라보며 물었다.

"도로시가 떠나면 당신은 어떻게 할 거죠?"

"시리즈들은 저에게 무척 친절했습니다. 그리고 나쁜 마녀가 죽은 후에 저에게 서쪽 나라를 다스려 달라고 부탁했죠. 그래서 저는 서쪽 나라로 돌아가겠습니다."

글린다는 마지막으로 사자를 보며 말했다.

"도로시가 떠나면 당신은 어떻게 할 거죠?"

"저는 여기서 얼마 떨어지지 않은 곳에 있는 숲으로 가겠습니다. 그곳에 사는 짐승들이 저를 왕으로 모시기로 했죠."

각자에게 대답을 들은 글린다는 도로시에게 상냥히 말했다.

"도로시가 신고 있는 은 구두가 도로시를 캔자스로 데려다줄 거야. 만약 이 구두의 놀라운 힘을 알고 있었다면, 오즈의 나라에 도착한 바로 그날에 다시 고향으로 돌아갈 수 있었을 텐데."

"은 구두에 어떤 힘이 있는 거죠?"

도로시가 묻자 글린다는 은 구두의 힘에 대하여 설명했다.

"여러 가지 마법이 있어. 그중에는 네가 원하는 곳으로 너를 데려다 주는 마법의 힘도 있단다. 하지만 먼저 도로시가 살던 곳의 차원을 알아야 해. 은 구두를 신고 네가 살던 캔자스의 차원만큼 뒤꿈치를 부딪히며 가고 싶은 곳을 말하면 돼."

"그럼 도로시가 살던 캔자스는 몇 차원인가요?"

양철나무꾼이 물었다. 그러자 글린다가 차원에 대하여 설명하기 시작했다.

"점은 0차원, 직선은 1차원, 평면은 2차원, 공간은 3차원이지. 내가 생각하기에 도로시가 살았던 캔자스는 우리와 같은 3차원 세상이 분명해. 그것은 바로 우리가 어디에 있는지 정확히 말하기 위해 필요한

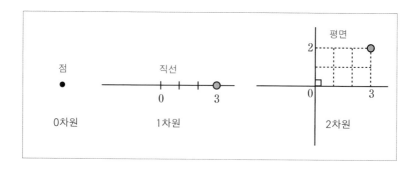

수가 3개이기 때문이란다."

"필요한 수가 3개라는 말이 무슨 뜻인가요?"

"만약 도로시 네가 성 뒤편에 있는 산에 올라갔다고 해 보자. 성을 기준으로 했을 때 산이 어느 위치에 있는가는 동서 방향을 나타내는 수와 남북 방향을 나타내는 수 2개로 표현할 수 있지. 그리고 또 한 가지 정확한 위치를 위해서는 네가 올라간 산의 높이가 필요하지. 그래서 네가 있는 위치는 이 3개의 수로 이루어진 순서쌍 ($\triangle$, $\square$, $\bigcirc$)의 꼴로 간단히 쓸 수 있단다."

도로시는 글린다의 설명을 들었지만 이해하지 못했다는 표정을 지었다. 그러자 글린다는 차원에 대한 설명을 이어 갔다.

"평면 위의 점은 모두 2개의 수로 표현할 수 있기 때문에 평면이 2차원이란다. 동서로 뻗은 축, 즉 가로 방향으로 얼마나 멀리 떨어져 있는지 나타내는 수와 남북으로 뻗은 축, 즉 세로 방향으로 얼마나 멀리 떨어져 있는지 나타내는 수, 이 2개의 수로 위치를 정확히 말할 수 있어. 이때 적당한 기준점을 정하면 평면 위의 점은 두 수로 이루어진 순서쌍 ($\blacktriangle$, $\blacksquare$)로 정확한 위치를 나타낼 수 있지. 이를테면 앞의 세 번째 그림에서 평면 위에 있는 점의 위치는 0을 기준으로 했을 때 (3, 2)라고 할 수 있지."

그러자 도로시가 물었다.

"아까 직선은 1차원이라고 하셨는데 그럼 직선은 하나의 수로 나타낼 수 있겠군요?"

"그렇지. 직선은 1차원이란다. 일자로 쭉 뻗은 선 위에 적당히 기준점을 정하기만 하면 직선 위의 어떤 점이라도 그 위치를 하나의 수로 나타낼 수 있지. 이를테면 앞의 두 번째 그림에서 직선 위에 있는 점의 위치는 0을 기준으로 했을 때 3이란다."

"그럼 점이 0차원인 이유는 표시할 수가 없다는 것인가요?"

"네가 말한 것처럼 점은 0차원이란다. 점이 있는 위치는 그 자리 단 한 곳뿐이므로 그 점이 어디에 있는지를 말하기 위해 굳이 수로 나타낼 필요가 없단다. 만약 공간이나 평면 위의 점을 직선에서처럼 1개의 수만을 사용하여 나타낸다면 서로 구별이 되지 않을 거야. 그래서 각 경우에 사용하는 수의 개수를 달리하여 나타내고 있단다. 이렇듯 수학에서 말하는 차원은 그 안에 속해 있는 어떤 점의 위치를 나타내기 위해 필요한 값의 개수를 말해."

"그럼 4차원에 있는 점은 4개의 수로 이루어진 순서쌍으로 나타내면 되겠군요?"

"그렇단다. n차원에 있는 점은 n개의 수로 이루어진 순서쌍으로 나타내면 되는 것이지."

"그럼 1+1=2인 것처럼 1차원인 직선 2개를 이용하면 2차원 평면을 만들 수 있나요?"

"그렇단다. 물론 정확한 방법은 아니지만 이렇게 생각해 볼까? 수학에서 0차원은 움직일 수도 없고 크기도 없이 단지 위치만 차지하고 있는 하나의 점이라고 했지. 0차원인 이 점에 잉크를 채워서 한 방향으로 곧게 끌어서 늘리면 1차원인 선분이 된단다. 마찬가지 방법으로 선분에 잉크를 채우고 아까 점을 늘렸던 방향에 수직인 방향으로 끌어서 늘리면 그림과 같이 2차원인 평면이 된단다. 다시 2차원 평면에 잉크를 채우고 평면에 수직인 방향으로 일정하게 끌어올리면 3차원인 직육면체가 되지.

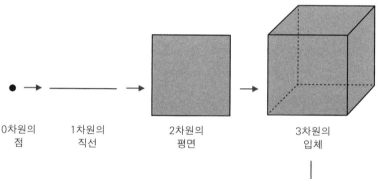

| 0차원의 점 | 1차원의 직선 | 2차원의 평면 | 3차원의 입체 |

이쯤 되면 3차원 직육면체에 잉크를 채워 수직으로 끌면 4차원 도형이 될 것이라는 것을 상상할 수 있겠지? 그리고 우리는 그렇게 해서 읽은 4차원 입제노형을 '초입방체'라고 한단다. 하지만 4차원 이상의 도형은 단지 상상 속에서만 생각할 수 있고 너무 어렵지. 그래서 나중에 수학을 더 공부해야

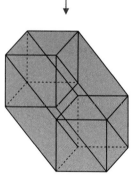

4차원의 초입방체

알 수 있어."

차원에 관한 설명을 들은 도로시는 친절한 글린다에게 인사했다.

"고맙습니다. 이제 제가 가야 할 캔자스의 차원을 알았어요. 그럼 제 은 구두의 뒤꿈치를 3번 부딪히면 캔자스로 돌아갈 수 있다는 말씀이 군요."

"그렇단다. 은 구두가 가진 마법 중에서도 가장 신기한 것은 가고자 하는 차원만큼만 부딪히면 세상 어디라도 데려다준다는 거야. 네가 할 일은 그저 구두의 뒤꿈치를 3번 탁탁탁 부딪히면서 원하는 곳을 부르는 거야."

지금까지 모험을 함께했던 다정한 친구들과 헤어질 순간이 다가오자 도로시는 눈물을 참을 수 없었다. 글린다는 어린 소녀에게 작별의 입맞춤을 했다. 도로시는 마지막으로 친구들에게 작별 인사를 했다. 그리고 토토를 품에 안은 채 구두 뒤꿈치를 3번 탁탁탁 부딪히면서 말했다.

"나를 엠 아주머니가 있는 캔자스로 데려다줘!"

그 말이 떨어지자마자 도로시는 허공으로 날아올라 빙빙 돌다가 들판 위에 넘어져 몇 번을 굴렀다. 몸을 일으킨 도로시는 이곳이 그렇게도 돌아오고 싶었던 헨리 아저씨의 시공간 연구소 앞이라는 것을 깨달았다. 저 멀리에서 엠 아주머니가 도로시를 보고 뛰어오고 있었다. 토토는 엠 아주머니를 보더니 멍멍 짖어 대며 쏜살같이 달려 나갔다. 헨리 아저씨도 도로시를 발견하고 뛰어왔다. 도로시는 토토를 따라가기 위해 벌떡 일어섰는데, 비로소 은 구두가 없어진 것을 알아차렸다.

"아이고! 우리 도로시가 돌아왔구나!"

엠 아주머니는 어린 도로시를 품에 꼭 안으며 소리쳤다.

"도대체 어딜 갔다 온 거니?"

엠 아주머니는 눈물을 글썽이며 물었다.

"오즈의 나라에 갔다 왔어요."

헨리 아저씨는 도로시에게 미안한 표정을 지으며 말했다.

"어때? 내가 발명한 디멘션 캡슐이 대단하지?"

"예. 하지만 연구를 조금 더 하셔야겠어요, 호호호."

"나는 네가 돌아와서 정말 행복하구나."

헨리 아저씨는 도로시를 숨이 막힐 정도로 세게 껴안으며 눈물을 글썽였다. 그날 저녁 도로시는 엠 아주머니와 헨리 아저씨에게 자신이 겪은 이야기를 들려주느라고 잠을 잘 수 없었다.

수학으로 다시 보는
오즈의 마법사

펴낸날	초판 1쇄 2016년 10월 15일

지은이	이광연
펴낸이	심만수
펴낸곳	(주)살림출판사
출판등록	1989년 11월 1일 제9-210호

주소	경기도 파주시 광인사길 30
전화	031-955-1350　팩스 031-624-1356
홈페이지	http://www.sallimbooks.com
이메일	book@sallimbooks.com

ISBN　978-89-522-3482-7 43410
살림Friends는 (주)살림출판사의 청소년 브랜드입니다.

※ 값은 뒤표지에 있습니다.
※ 잘못 만들어진 책은 구입하신 서점에서 바꾸어 드립니다.

이 도서의 국립중앙도서관 출판시도서목록(CIP)은 서지정보유통지원시스템 홈페이지
(http://seoji.nl.go.kr)와 국가자료공동목록시스템(http://www.nl.go.kr/kolisnet)에서
이용하실 수 있습니다.(CIP제어번호: CIP2016022784)

책임편집·교정교열 **최진우·김선희**